三峡库区生态系统诊断与修复

李昌晓 魏 虹 著

科学出版社

北京

内 容 简 介

本书将三峡库区作为一个生态系统整体进行研究,在概述三峡库区生态系统的基础上,综合评价三峡库区生态系统的健康状况、脆弱性及其服务价值时空变化;诊断分析三峡库区生态系统的退化及存在的问题;有针对性地提出三峡库区生态系统的修复技术体系,并提出利用公私伙伴关系(PPPs)创新三峡库区生态环境修复的策略。

本书可供资源、环境、农业、林业、水利、生态、地理、管理等专业领域的高等院校师生、科研院所研究人员、政府部门管理人员和企事业单位技术人员阅读和使用。

图书在版编目(CIP)数据

三峡库区生态系统诊断与修复 / 李昌晓,魏虹著. —北京:科学出版社,2015.12
ISBN 978-7-03-046662-4

Ⅰ.①三… Ⅱ.①李… ②魏… Ⅲ.①三峡水利工程-生态系统-研究 Ⅳ.①X321.2

中国版本图书馆 CIP 数据核字(2015)第 306616 号

责任编辑:杨 岭 刘 琳 / 责任校对:韩雨舟
责任印制:余少力 / 封面设计:墨创文化

科 学 出 版 社 出版
北京东黄城根北街16号
邮政编码:100717
http://www.sciencep.com

四川煤田地质制图印刷厂印刷
科学出版社发行 各地新华书店经销

＊

2016 年 3 月第 一 版   开本:787×1092 1/16
2016 年 3 月第一次印刷   印张:10.25
字数:300 千字
定价:69.00 元

课 题 支 撑

本书得到国家科技部国际合作专项（2015DFA90900）；重庆市林业重点科技攻关项目（渝林科研2015-6）；重庆市基础与前沿研究计划重点项目（CSTC2013JJB00004）；中央高校基本科研业务费专项资金（XDJK2013A011）及中央财政林业科技推广示范项目（渝林科推［2014-10］）资助。

前　言

生态系统是人类赖以生存的环境基础，维持生态系统的平衡才能使社会得到更好的发展。爱护生态系统，为子孙后代留下美丽景色，是我们义不容辞的责任。近 10 年来，我国对生态保护方面的投入不断加大，投入规模史无前例。然而，我国的生态系统管理严重滞后，生态系统服务功能继续退化。提高我国生态系统的服务能力，科学规范地对生态系统进行务实管理已成为当务之急。

长江，作为我国第一大河，创造了全国 40% 的 GDP，其安全健康程度将对我国的政治、经济、文化产生重要影响。三峡工程是在长江中上游段建设的特大型水利枢纽工程，同时也是一项宏伟的环境工程，在长江流域甚至全国的可持续发展中有着重要的战略地位和作用。三峡工程能在防洪、发电、航运、旅游等方面产生巨大的经济效益，可对流域内的资源、生态、环境进行人工调控。与此同时，三峡工程也深刻地影响着库区的自然演化过程与生态系统的结构和功能，使得三峡库区的生态系统变得十分脆弱。随着工程的完工和全面运行，三峡库区的环境问题日益显现。尽管国家和地方政府已加大对三峡库区生态环境方面的研究投入，但三峡库区的环境污染、生态系统退化、水土流失严重的现象仍未得到根本遏制。已有研究表明，这一地区生态系统功能处于局部改善、整体退化甚至恶化的状态。生态退化已经成为制约三峡库区经济社会发展的重要因素，同时也对周围地区的生态安全构成严重威胁。因此，深入开展三峡库区环境保护与生态修复的研究，对确保三峡工程长期安全运营、发挥巨大经济效益、保障库区经济可持续发展以及库区群众的身体健康、促进人与自然和谐相处等方面有着极其重要的意义。

本研究是对三峡库区退化生态系统修复实践的总结和理论的丰富，具有前瞻性和可操作性。此书力求反映国内外退化生态系统修复研究的最新进展，结合在三峡库区生态修复实践中的运用实例，力求为库区退化生态系统修复提供理论依据和技术指导。希望此书能够引起人们对三峡库区更多的关注，使之积极投身到三峡库区生态系统的保护和修复之中，共同维护三峡库区的持久与安全运行。

参与本书研究工作的还有马骏、杨予静、李帅、任庆水、王朝英、马朋、丽娜、缪祥斌、李玉龙、胡莉珍等研究生，在此对他们的参与和贡献表示衷心感谢。

著　者

2015 年 10 月

目 录

第一章 三峡库区生态系统概况

第一节 生态系统概述

一、生态系统的概念

生态系统(ecosystem)作为一个科学概念，最早由英国生态学家 Tansley 于 1935 年提出，指"整个系统，它不仅包括生物复合体，而且还包括人们称为环境的各种自然因素的复合体。我们不能把生物与其特定的自然环境分开，生物与环境形成一个自然系统。"正是这种系统构成了地球表面上具有不同大小和类型的基本单元，这就是生态系统。

在"生态系统"概念被提出后，很多生态学家对生态系统的概念从不同方向和角度给出了解释和定义。目前普遍认可的定义是：在一定的空间和时间范围内，共同栖居着的所有生物(即生物群落)与其环境之间通过不断的物质循环和能量流动过程而相互作用形成的具有一定格局、统一的整体。

生态系统的概念在应用时对其范围和大小没有严格限制。小到一棵树，大到一片森林，甚至整个地球上的生物圈都可以称为一个生态系统。生态系统的边界可能很清楚，也可能模糊不定，随研究问题的特征不同而发生改变。生态系统类型的划分也没有统一的原则，可以从不同的研究角度进行划分，从形成上可将生态系统分为自然生态系统、人工生态系统和复合生态系统。自然生态系统包括森林、草原、荒漠和苔原、海洋、淡水和湿地等。人工生态系统包括城市、农田、果园、池塘等。此外，由于人为活动的加强，有些自然生态系统逐步发展为自然和人工的复合生态系统。

地球上大部分生态系统具有维持自身平衡、稳定的特性。一个生态系统内，各种生物之间、各种生物与环境之间存在一种平衡关系，任何外来物种或物质侵入这个生态系统，都可能会破坏这种平衡。而在平衡被破坏后，可能会逐渐达到另一种平衡状态。如果生态系统的平衡被严重破坏，可能会造成永久的失衡，如在人类不合理活动的影响下，生态系统可能会失去平衡。

二、生态系统的结构及功能

生态系统结构与其功能相辅相成，存在辩证统一的关系(蔡晓明，2000)。两者相互依存，一定的结构产生一定的功能，一定的功能总是由一定的系统结构表现；两者相互制约、相互转化，系统结构决定功能，结构的改变必然导致功能的变化，反过来功能变化也会影响结构。

(一)生态系统结构

生态系统的结构主要指构成生态系统的诸要素及其量比关系，各组分在时间、空间上的分布以及各组分间能量、物质、信息流的途径与传递关系（Rapport，1998）。生态系统结构主要包括组分结构、时空结构和营养结构三个方面（徐治国等，2006）。

1. 组分结构

组分结构是指生态系统中由不同生物类型或品种以及它们之间不同的数量组合关系所构成的系统结构（谢红勇等，2004）。组分结构中主要讨论生物群落的种类组成及各组分之间的量比关系。生物种群是构成生态系统的基本单元，不同物种（或类群）以及它们之间不同的量比关系构成了生态系统的基本特征。即使物种类型相同，只要各物种类型所占比重不同，也会产生不同的功能。此外，环境构成要素及状况也属于组分结构。

2. 时空结构

时空结构也称形态结构，是指各种生物成分或群落在空间上和时间上的不同配置和形态变化特征，包括水平分布上的镶嵌性、垂直分布上的成层性和时间上的发展演替特征，即水平结构、垂直结构和时空分布格局（杨清伟等，2005）。空间结构可分为水平结构和垂直结构，水平结构是因地理位置原因而使环境要素形成纬向或经向的水平渐变结构或由社会原因所形成的同心圆的水平分布。垂直结构又称立体结构，环境因子可因海拔高度、土层和水层深度等变化形成垂直渐变结构，在不同的垂直环境中有不同的生物类型或数量。生态系统的结构和外貌会随时间不同而变化，这反映出生态系统在时间上的动态。可以用三个时间量度：一是长时间尺度，以生态系统的进化为主要内容；二是中尺度，以群落演替为主要内容；三是小尺度（如昼夜、季节、年份），这种最为普遍。如绿色植物白天光合作用，夜间呼吸作用。

3. 营养结构

生态系统中各种成分之间最本质的联系是通过营养来实现的，即通过食物链把生物与非生物、生产者与消费者、消费者与消费者连成一个整体（张虹，2008）。所谓食物链是指生态系统内不同生物在营养关系中形成的一环套一环似链条式的关系。中国的古语，"螳螂捕蝉，黄雀在后"，实际上就是一条食物链。生态系统中的食物链很少是单条、孤立出现的，它往往是交叉链索，形成复杂的网络结构，即食物网。正是通过食物营养，生物与生物、生物与非生物环境才有机地连结成一个整体。生态系统中能量流动和物质循环正是沿着食物链（网）这条渠道进行的。

（二）生态系统功能

生态系统功能即生态系统的过程或性质。生态系统过程（ecosystem process）就是指生态系统的生物及非生物因素为达到一定的结果（物质、能量和信息的传输）而发生的一系列复杂的相互作用（Lyons et al.，2005）。因而生态系统具有了物质循环、能量流动和信息传递三大基本功能。除此之外，生态系统还存在生物生产、资源分解作用等过程。在生态系统间同样发生着物种流动，加强了不同生态系统间的交流和联系。在人工复合生态系统中，生态系统是依赖于人类而存在，在这类生态系统中由于人类的参与，具有直接为人类提供服务的能力，即具一定价值。因此，生态系统具有生物生产、资源分解、物种流和价值流等功能（蔡晓明，2000）。

1. 生态系统的物质循环

生物圈是由物质构成的，生态系统中的物质(主要是组成生物体的 C、H、O、N、P、S 等必需的各种营养元素)在生态系统中不断进行着从无机环境到生物群落，又从生物群落回到无机环境的循环过程，这就是生态系统的物质循环，是生态系统功能的一个重要体现。物质的循环又叫生物地理化学循环。在物质循环中比较典型和有代表性的有水循环、C 循环、N 循环和 S 循环等。

2. 生态系统的能量循环

生态系统中生命系统与环境系统在相互作用的过程中，始终伴随着能量的流动与转化(蔡晓明，2000)。能量是一切生态系统的动力，也是生态系统存在和发展的基础，生物圈中每一个完整的生态系统都是一个能量输入、传递和输出的系统，这是生态系统功能的一个重要体现。能量在生态系统中流动具有两个明显的特点：单向流动和逐级递减。

单向流动主要表现在三个方面：①太阳辐射进入生态系统后，不再以光能的形式返回，而是通过光合作用被植物所固定；②生态系统的能量流动只能从第一营养级流向第二营养级，再依次流向后面的各个营养级，不能逆向流动，也不能循环流动；③能量只是一次性的流经生态系统，是不可逆的。

逐级递减是指输入到一个营养级的能量不可能百分之百地流向后一营养级，能量在沿食物链流动的过程中是逐级减少的。一般来说，在输入到某一营养级的能量中，只有 $10\% \sim 20\%$ 的能量能够流动到后一营养级。

3. 生态系统的信息传递

生态系统包含着大量复杂的信息，既有系统内要素间关系的"内信息"，又存在着与外部环境关系的"外信息"的系统。信息是生态系统的基础之一，没有信息，也就不存在生态系统。信息传递不像物质流那样是循环的，也不像能流那样是单向的，而往往是双向的。信息传递有利于沟通生物群落与非生物环境之间、生物与生物之间的关系，正是由于信息流，生态系统产生了自动调节机制。

(三)生态系统的稳定性

经过长期的自然演化，每个区域的生物和环境之间、生物与生物之间，都形成了一种相对稳定的结构，具有组成、结构和功能的稳定性，这就是人们常说的生态系统的稳定性。生态系统的稳定性指生态系统经过长期演化，逐步形成的生物与非生物物质和能量之间、生物与生物之间相对稳定的状态(Wei，2010)。这种相对稳定平衡可以用食物链来举例。一个"草→羊→狼"简单生态系统模型中，羊群吃草量增多，羊的数量增加，同时由于羊吃草，草的数量会降低，在此过程中狼的捕食作用也使得羊的数量减小。在草量和狼群两者共同作用下，羊的数量被限制在一定范围之内，最终三者的数量都保持在一定范围以内。上述例子说明，当生态系统发生一定变化时，由于生态系统自身的调节能力，生态系统各个组成部分能够调整数量，克服变化的干扰，维持相对稳定和平衡的状态。这种自我调节能力是生态系统稳定性的一个重要因素。

第二节　三峡库区生态系统概况

一、三峡库区生态系统

(一)三峡库区生态系统概况

三峡库区(Three Gorges Reservoir Region)是一个特定的区域概念(长江水利委员会,1997),是指三峡水利枢纽工程蓄水之后淹没所涉及的范围(邵田等,2008),泛指按照三峡大坝正常蓄水位175m淹没范围所涉及重庆和湖北长江两岸的20余县、市(区)。位于北纬28°56′~31°44′,东经106°16′~111°28′之间,总面积约为57 802km²。北依大巴山脉,南靠武陵山脉,东起湖北宜昌,西至重庆江津。具体包括湖北省的夷陵、兴山、秭归、巴东,重庆市的巫山、巫溪、奉节、云阳、开县、万州、忠县、石柱、丰都、武隆、涪陵、长寿、渝北、江北、渝中、南岸、巴南、大渡口、九龙坡、沙坪坝、北碚、江津等共26个县(市、区)(图1-1)。

三峡库区是长江三峡工程兴建而产生的较新的一个地域空间名词。三峡工程开始于1994年,截流于1997年11月8日,2003年开始蓄水,当年6月蓄水至135m,9月蓄水至156m,2008年9月试验性蓄水至172.3m,2009年蓄水位达最大175m。

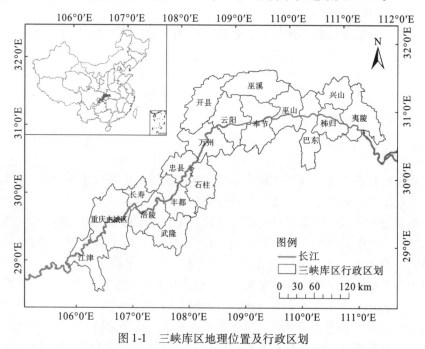

图1-1　三峡库区地理位置及行政区划

三峡库区生态系统是介于自然和人工之间的一种生态系统,处于陆地和水域交接的过渡区和生态交错区(廖玉静等,2009),其组成结构包含着湿地生态系统的一部分,也包含着人工水库建筑的一部分,属于复合生态系统。由于三峡库区生态系统是建立在水这个维持湿地功能和人工设施的相互依存的物质之上,因此该生态系统对水文条件的要求比较高(涂建军等,2002)。

1. 地形地貌

三峡库区位于大巴山、川鄂湘黔、川东三大褶皱带和黄陵背斜交汇处,北面是大巴山,南面紧依云贵高原,跨越川、鄂中低山峡谷和川东平行峡谷低山丘陵区(查中伟,2011)。奉节以东属川东鄂西山地,地貌以大巴山、巫山山脉为骨架,奉节以西属川东低山丘陵平行岭谷区,属四川盆地的东部。库区内海拔高差悬殊,最高峰海拔为3105m,低处海拔仅73m,相差高达3032m。地形大势为东高西低,西部多为低山丘陵地貌,往东逐渐变为中、低山地貌,河谷平坝约占总面积的4.3%,丘陵占21.7%,山地占74%(彭月,2010;常直杨等,2014)。

2. 气候

三峡库区属中亚热带湿润季风气候,北有大巴山脉阻挡,冬季北方寒流不易侵入,夏季南方湿热气候越过云贵高原产生焚风效应,致使库区具有冬暖、春早、夏热、秋雨、光照少、云雾多、霜雪少等特征。库区年平均气温17～19℃,冬季短,60～70d,极端最低气温-4℃左右,霜雪很少;夏季炎热,长达140～150d,最热月七月份平均气温28～30℃,极端最高气温42.6℃,稳定通过10℃的初日在三月初,终日在十二月初。海拔500m以下的河谷地带的>10℃积温达5200～6900℃,无霜期长达290～340d。受地形影响,气候垂直变化明显,一般海拔升高100m,平均气温下降0.4～0.6℃。库区地处长江河谷,云雾多,风力小,年日照1300～1700h,日照百分率约为30%,年平均雾日达69d。库区降水丰沛,年降水量1000～1200mm,季节分配不均,四月至十月为雨季,春末夏初多雨,七、八月连晴高温,库区年平均相对湿度70%～80%。

3. 水文

三峡库区水系发达,江河纵横,除长江干流河系外,区域内还有流域面积100km^{2}以上的支流152条,其中重庆境内121条,湖北境内31条。流域面积1000km^{2}以上的支流有19条,其中重庆境内16条,湖北境内3条(彭月,2010)。三峡库区多年平均水资源总量401.8亿m^3,目前区域内地表水开发利用量占地表水总量的10%左右,开发利用程度较低。受亚热带湿润季风的影响,库区降雨比较集中,大部分河流具有降水丰沛且多暴雨、谷坡陡峻、天然落差大、滩多水急、陡涨陡落等山区河流的特点。

4. 植被和物种

三峡库区物种资源丰富,具有物种多样性和生态群落、生态系统多样性的优势。库区有维管束植物6088种,其中国家重点保护的珍稀植物达47种。陆生脊椎动物363种,其中国家重点保护的野生动物32种。植被有常绿落叶阔叶混交林、落叶阔叶林、针叶林、针阔混交林、竹林、灌草丛等植被类型分布,其中常绿针叶林占库区植被覆盖面积的27.44%,是该地区分布最为优势的植被类型。但由于库区开发历史悠久,经过数千年的垦殖,目前天然森林植被仅在极少数地区残存,且多处于次生状态。特别在江岸两侧海拔1000m以下地区,森林植被很少,绝大部分被开发为梯田、坡耕地以及柑橘(Citrus reticulata)、茶叶(Camellia sinensis)等种植园,几乎难以找到能反映原来面貌的植被类型。在2010年,三峡库区森林面积250.86万hm^2,森林覆盖率43.50%,其中,有林地219.67万hm^2,占87.57%;国家特别灌木林31.19万hm^2,占12.43%。活立木总蓄积

12 505.18 万 m^3，其中森林蓄积 11 836.59 万 m^3，占 94.65%；疏林地、散生木和四旁树蓄积 668.59 万 m^3，占 5.35%（中华人民共和国环境保护部，2011）。

5. 土壤

三峡库区土壤共有 7 个土类 16 个亚类。主要土壤类型有黄壤、黄棕壤、山地草甸土、紫色土、石灰土、潮土和水稻土。在土壤类型中，紫色土占土地面积 47.8%，富含磷、钾元素，松软易耕，适宜多种作物，目前是库区重要柑橘产区；石灰土占 34.1%，在低山丘陵有大面积分布；黄壤、黄棕壤占 16.3%，是库区地带性土壤，分布于高程 600m 以下的河谷盆地和丘陵地区，土壤自然肥力较高。

6. 社会经济

三峡库区总体来说，社会发展水平依然比较落后，在国家和地方政府帮扶以及三峡建设所带来的经济发展契机下，经济发展较为迅速，人民生活条件有了较大的提高（陈聪，2014）。据《长江三峡工程生态与环境监测公报》（中华人民共和国环境保护部，2013），2012 年，三峡库区户籍总人口 1677.65 万人，比上年增加 0.3%。其中，农业人口 1135.03 万人，比上年减少 1.1%；非农业人口 542.62 万人，增加 3.3%。非农业人口占总人口的比重为 32.3%。库区实现地区生产总值 5111.05 亿元，按可比价格计算，比上年增长 13.9%。其中，湖北库区 546.79 亿元，重庆库区 4564.27 亿元，分别比上年增长 13.5% 和 14.0%。第一、二、三产业分别实现增加值 547.81 亿元、2942.08 亿元和 1621.16 亿元，分别比上年增长 12.6%、11.6% 和 22.7%。第一、二、三产业增加值比例为 10.7：57.6：31.7。第一产业比重持续下降，第三产业增长较快。

（二）三峡库区生态环境现状

三峡工程深刻地影响着库区的自然演化过程与生态系统的结构和功能。随着工程的建设，蓄水高度的提升，三峡库区生态系统变得十分脆弱，生态环境问题日益凸显。三峡库区生态系统地位特殊，长期处于脆弱的生态环境之中，基础较为薄弱，加之三峡工程较为浩大，每年能够投入进行生态恢复的资金又有限。虽在库区及其上游的生态环境治理与恢复取得了一定成效，但目前三峡库区生态系统仍然面临严峻的生态问题。已有研究表明，这一区域的生态系统功能正处于局部改善、整体退化甚至恶化的不利状态。生态退化已经成为三峡库区经济社会发展的重要制约因素，对周围地区的生态安全构成了严重威胁。

（1）三峡库区内坡耕地分布较广，其中 25° 以上的坡耕地占整个坡耕地的面积比例较高（刘继根，2006）。土地耕作频繁，没有充足的休耕调息，土壤长期处于裸露和松散的状态（马利民等，2009）。坡耕地土壤极易受到侵蚀，造成严重的水土流失，使得河流中的泥沙含量不断增高，影响库区的生态保持（岑慧贤等，1999）。不合理的农业开发也造成大量的面源污染进入江河，加剧了水环境污染（张国栋等，2009）。

（2）三峡库区植被退化现象极为普遍。由于伐林造田和毁林开荒，库区中大部分处于天然状态的森林遭到破坏性砍伐，森林覆盖率急剧下降，使得三峡库区生态系统涵养水源的功能明显降低。同时，由于没有科学合理的经营管理策略，多年来草地也一直处于粗放开放的经营方式，退化严重。人口增长、植被覆盖率降低、水土流失及泥石流等造成基岩出现大面积裸露，库区石漠化程度加剧，导致长江上游江河中的泥沙含量增多，这不但影响三峡工程的使用寿命和经济效益(陈治谏等，2004)，更会严重威胁三峡库区和整个长江流域生态系统的健康和生态安全。

(3)三峡库区河流污染加剧，水质恶化。通过对库区水体主要断面的水质分析，发现水体中的悬浮物、生化需氧量、化学需氧量、总磷等10项指标超标(张磊等，2007)。此外，三峡库区内的生活垃圾、工业废弃物在岸边任意堆放，在造成土壤污染的同时，也很容易被过激的水流带入到水体中。这部分污染物一旦进入河流中，不但直接对河流水体造成污染，而且会在底部形成沉淀淤积，形成底泥污染，严重威胁水体水质(张虹，2008)。三峡库区主要入库支流的沿岸生活污水及垃圾有些并未进行有效处理，水污染的情况日趋严重(陈国阶等，1995)，造成长江及三峡库区污染进一步加剧，远不能满足水域功能的实际需求。如果还不采取强有力的经营管理策略及污染源防治措施，随着工业、农业以及生活等方面的排污量仍呈增加的趋势，人为因素对生态环境的破坏将继续存在，势必会给三峡库区生态系统造成更大的压力。

二、三峡库区库岸生态系统

(一)库岸生态系统

库岸生态系统是生态系统的一个类别，从属于生态系统，与其他生态系统相比具有一定的特殊性。由于各种自然、社会、经济因素，全球很多地区的库岸生态系统正处在退化之中，亟需进行生态修复。对库岸生态系统的退化及修复机制进行研究，首先需要对"什么是库岸"、"什么是库岸生态系统"及"与其他生态系统相比，库岸生态系统有什么特殊之处"进行阐述，以便于进一步的研究工作开展。

为了更好地理解库岸生态系统的概念，首先，我们需要对岸边带做一个准确的定义。目前，定义较为全面的有两种观点，第一种为美国农业部林业局(USDA-FS)对其下的定义：水生生态系统和相邻的直接或间接受水体影响的部分陆地生态系统，包括河流、湖泊、海湾等和与其连接的海峡(Karr，2000)；另一种为海岸带管理指南(coastal zone management handbook)做出的定义：沿水体岸边的陆生植被生态群落系统，这个系统与水生系统进行能量和物质的转化(杨胜天等，2007)。

1. 库岸区域

20世纪70年代人们开始关注库岸区域(riparian zone)的研究，对库岸区域的定义主要分为广义和狭义两种。广义上的库岸区域是指靠近水边受水流直接影响的植物群落及生长的环境，狭义上的库岸区域是指从水陆交界处至河水或湖水影响消失的地带(Meeban，1997；Robert，1997；Nilsson，2000；Wei，2010)。目前，学界对库岸区域还没有准确的、被广泛认可的定义。本书对其概念进行如下界定：库岸区域指水体高低水位之间的河床及高水位之上直至河水影响完全消失为止的地带，它具有限制水体分布范围的功能。库岸区域主要包括2个区域，即陆向辐射区和水位变幅区(Michael et al.，2003)。陆向辐射区是指受水体影响但未被水淹没的区域，该区域的土壤水分间隙性饱和。水位变幅区是指被水体周期性淹没的区域，该区域的土壤水分常处于饱和状态。除此之外，Michael等(2003)认为库岸区域还包括水向辐射区，即长期被水体淹没的区域，该区域的水体深度一般在2m以内。

2. 库岸生态系统

"库岸生态系统"是一个新兴的生态学概念，是生态系统中岸边带的概念延伸，本书对"库岸生态系统"进行如下界定：库岸生态系统（riparian ecosystem）是指由库岸区域这一特殊环境及适应并生活在该环境中的生物群落通过不断的物质循环和能量流动过程而形成的生态统一体，是一种特殊的湿地生态系统。陆向辐射区的植被以耐湿的或者中生的乔木或灌木为主，建群种一般是乔木；水位变幅区的植物以耐湿、湿生的乔木、灌木或草本植物为主，建群种一般是灌木或湿生植物；水向辐射区的植物以挺水植物、浮水植物及部分沉水植物为主，建群种一般是挺水植物。

库岸生态系统具有独特的植被、土壤、地形地貌和水文特性。相比其他生态系统，它具有以下特点：①库岸生态系统整体位置邻近水体；②库岸生态系统只是在生态学中的定义，在现实的空间范围中并没有一个准确的界限划分（Rapport，1999）；③由于库岸生态系统属于陆地与水生生态系统交叉形成的中间过渡带生态系统，因此在生态系统的功能上具有边缘效应（James et al.，2006）；④库岸生态系统在形状划分中表现为线形状态。⑤库岸生态系统是水域生态系统和陆地生态系统相互作用的产物，与周围的生态系统相比，其动植物物种多样性和丰富度非常高（代力民等，2002）。库岸区域植被的种类较为独特且丰富。⑥通过能量和物质的交换，库岸生态系统与相邻的水域和陆地生态系统产生极为强烈的相互作用。同时，库岸的再造运动也导致库岸区域的植被呈现斑块状分布（Hawkins et al.，1997）。

目前的研究表明，库岸生态系统具有调节水温，为河流水体提供养分能量，为野生动物提供栖息环境，保护相邻水域水体水质，保持景观连续性，防洪固堤，提供户外休闲娱乐的景观物质和作为农林牧渔业基地等功能（黄凯等，2007）。除此之外，Knopf等（1988）发现，美国西部的库岸区域只占该区域总土地面积的1%，但拥有的鸟类种类数却比其他所有土地类型都要多。我国学者在国内的二道白河、北坡河（邓红兵等，2003）、香溪河（江明喜等，2002）等流域对库岸生态系统的植物群落、植物区系以及物种的丰富程度进行了相关研究，同样证实了库岸生态系统在生物多样性保护中的重要作用。

(二)三峡库区库岸生态系统

三峡库区泛指三峡水库执行175m蓄水方案后，因水位升高而淹没和由于工程建设需要进行移民搬迁安置的区县所在区域，包括东起夷陵，西至重庆沿长江两岸分水岭分布的范围（李光炯，2006），属于行政上的划分。整个库区面积5.78万 km^2（张磊等，2007），而受淹没的陆地面积为632km^2，仅占上述库区总面积的1%，因此实际受库区水位变化影响的区域面积也较小。三峡水库采用枯期蓄水、汛期泄洪这种"冬蓄夏排"的周期性蓄水模式，致使库区水位在145~175m间周期性规律波动，高低水位之间的河床及高水位之上直至河水影响完全消失为止的地带即为三峡库区库岸区域。

三峡库区库岸生态系统属于湿地生态系统，从属于三峡库区生态系统，在整个三峡库区及整个长江流域生态系统中具有重要的作用。但由于水库水位涨跌，导致库岸形成垂直落差达30m的消落带，使得库岸系统在整个三峡库区生态系统中占据着最重要的位置和作用。由于消落带是水位反复周期变化的干湿交替区，它不仅与库区水域系统进行着物质、能量交换，同时，还与库区两岸坡地系统进行着物质和能量的交换。因此，三峡库区消落带是库区水域与周边陆地环境的过渡地带，同时具有水、陆两个环境的特点。但消落带区域原有植物由于冲刷和水淹逐渐死亡（图1-2），导致泥土和基岩裸露（图1-3），水土流失加剧，滑坡问题严重。而在人工调控下，水库的水位涨落速度、幅度和频率与天然河道明显不同，也增加了消落带的不稳定性。随着经济的迅猛发展，工业污染、农业污染、生活污水等对库区消落带的影响将逐渐加大。

图1-2　三峡库区消落带因水淹植被退化死亡

图1-3　三峡库区消落带泥土和基岩裸露状况

因此，研究三峡库区生态系统及库岸生态系统的现状、面临的环境问题与挑战及其生态工程修复方法，已成为当前生态系统研究的前沿内容之一。与此同时，了解三峡库区生态系统的状况及发展变化趋势，对于今后的项目工程建设、物种多样性保护和生态平衡维持等方面具有重要意义。

第二章　三峡库区生态系统评价

第一节　生态系统评价概述

一、生态系统评价及分类

生态系统评价并不是一个全新的研究课题（田永中和岳天祥，2003），其发端于美国森林生态系统管理评价，随后与加拿大生态系统区划理论相结合，在北美得到了较快发展（卫伟和陈利顶，2007）。2001 年 6 月 5 日在世界环境日上启动的"千年生态系统评估"（The Millenium Ecosystem Assessment，MEA）则极大地推动了生态系统评价研究在全球范围的跨越式发展（赵士洞，2001）。生态系统综合评价是系统分析生态系统的生产及服务能力，对生态系统进行健康诊断，做出综合的生态分析和经济分析，评价其当前状态，并预测生态系统今后的发展趋势，为生态系统管理提供科学依据（傅伯杰等，2001）。对生态系统进行评价不仅能揭示生态系统的质量状态，还能揭示人类经济社会发展与生态环境的相互影响与相互作用，促使人类在实践活动中探索资源高效、生态良好、经济持续、社会和谐的生态文明之路。

从研究进程来看，生态评价总体上可以分为两类（田永中和岳天祥，2003；卫伟和陈利顶，2007）：一是对生态系统所处的状态进行评价；二是对生态系统的服务功能进行评价。于海跃等（2013）又将生态系统所处状态划分为生态系统的质量和所受压力两个部分，形成了生态系统质量、生态系统压力以及生态系统服务功能三个方面的生态系统评价分类。生态系统质量评价是总体反映区域生态系统质量现状和可持续发展能力，包括生态系统健康评价、安全评价、脆弱性评价、风险评估、持续性评价、退化评价等多个方面；生态系统压力评价是外界对生态系统干扰、损害和影响的综合测度，定量表述和反映生态系统所受外力程度的大小；生态系统服务功能评价是对生态系统提供产品与服务的定量测算。

二、生态系统评价方法

本书以研究较多的生态系统健康评价、生态脆弱性评价和生态系统服务价值评价为代表对三峡库区生态系统的评价理论和方法进行介绍。

（一）生态系统健康评价

1. 生态系统健康的概念

生态系统健康概念的提出时间虽然较短，但发展较为迅速，目前在国内外还没有统一和固定的有关生态系统健康的定义。众多学者从不同的角度和研究目标对生态系统健康给出了定义，其中具有代表性的概念如表 2-1（尹连庆等，2007）。

表 2-1　生态系统健康的概念

年份	提出者	生态系统健康的概念描述
1986	Karr	如果一个生态系统的潜能能够得到实现且条件稳定、受到干扰有自我恢复能力，那么该生态系统是健康的
1988	Schaeffer	生态系统健康是指生态系统缺乏疾病，而生态系统疾病指的是生态系统的组织受到损害或减弱
1989	Rapport	生态系统健康是生态系统所具有的稳定性和可持续性，即在时间上具有维持其组织结构、自我调节和对胁迫的恢复能力
1992	Uageau	健康的生态系统具有生长力、恢复力和完善的结构。对人类社会的利益而言，健康的生态系统应能为人类社会提供服务
1993	Woodley	生态系统健康是生态系统发展中的一种状态。在这种状态下，系统地理位置、辐射输入、有效的水分和养分以及再生资源处于最优状态，即生态系统处于活力水平状态
1994	NRC	如果一个生态系统有能力满足人们的价值需求，并能以持续的方式生产期望的商品，则该生态系统是健康的
1999	Rapport	生态系统健康包含两方面内涵：满足人类社会合理需求的能力和生态系统自我维持与更新的能力。前者是后者的目标，而后者是前者的基础
2002	肖风劲，欧阳华	健康的生态系统应具有的特征为：①不受严重危害生态系统的生态系统胁迫综合症的影响；②具有恢复力；③在没有或几乎没有投入的情况下，具有自我维持能力；④不影响相邻系统；⑤不受风险因素的影响；⑥在经济上可行；⑦维持人类和其他有机群落的健康，即生态系统健康不仅是生态学的健康，而且还包括经济学的健康和人类健康
2005	赵广琦	生态系统健康是指生态系统没有病症、稳定且可持续发展，即生态系统随着时间的进程有活力且可维持其组织及自主性，在适当的外界胁迫下容易恢复
2006	高桂芹	生态系统健康是指系统内的物质循环和能量流动未受到损害，关键生态组分和有机组织被保存完整，且缺乏疾病，对长期或突发的自然或人为扰动能保持着弹性和稳定性，整体功能表现出多样性、复杂性、活力和相应的生产率，其发展终极是生态整合性

　　总结众多概念定义，我们认为生态系统健康是指能自我维持系统自身内部的组织结构的稳定（物质循环和能量流动长期处于动态平衡），在一定范围内能对自然和人为干扰持有抵抗和自我恢复能力，同时具有满足人类社会基本需求及服务功能的稳定的状态。

2．生态系统健康评价原则

　　生态系统的健康包括多方面的因素，其中不仅包括生态系统的"生理性"因素，还包括生态系统中的人为因素、作用因子、生态系统的经济、哲学意义等。生态系统健康评价的目的是为了维持系统的持续和健康发展。生态系统健康的评价原则涉及面很广，类型较多。在研究中，采用 Norton 提出的评价原则（肖风劲等，2002）。

　　（1）动态性原则。生态系统随着时间的变化而不断发生变化，在变化的同时与周围的自然环境和变化的过程相互联系。生物与生物、生物因素与非生物因素的关联，使整个生态系统在各项因素输入和输出的过程达到收支平衡。在无外界因素的干扰下，生态系统总是向复杂的方向发展演替，目的就是维护生态系统的稳定性，只要有充裕的发展时间和空间，那么生态系统的稳定性一定可以达到。在后续生态系统的管理中，就是要维护好这一平衡状态。

　　（2）层级性原则。生态系统的体系并不是一个封闭的体系，相反，生态系统属于一个完全开放的各系统的组合体。每个系统进行生态过程都不是同等的，体现着高低层次的分级，引起这种分级的主要原因是生态系统形成过程中的时空范围差，因此在生态系统的管理中要求时空范围要与层级相匹配。

（3）创造性原则。各项生态功能完整的生态系统具有自我调节功能，这种功能是以生物群落为核心的，具有创造性。生态系统的创造性就是整个系统中的各种功能流，是其本质属性。要高度关注生态系统的创造性。

（4）相关性原则。一个生态系统中，各项生态过程相互联系，如果其中的某些生态过程受到外界因素的干扰，那么其他的生态过程也将受到影响。

（5）脆弱累积性原则。即使受到自然状态下的干扰，处于动态平衡的生态系统也会主动调节，使生态系统维持原状态。现在生态系统受到人为因素的影响越来越大，生态系统为保持稳定，会缓冲这部分干扰到各个体系中，直到达到一个最大耐受点，超过这个临界点后，整个生态系统开始崩溃。

3. 生态系统健康评价指标

Costanza 等（1992）提出了整个生态系统健康指数，可以表示为 $HI = V \times O \times R$。式中 HI 为生态系统健康指数，也是可持续性的度量；V 为系统活力，是测量系统活力、新陈代谢或初级生产力的一项重要指标；O 为系统组织指数，即系统组织的相对程度，用 $0 \sim 1$ 的数值表示，它包括组织多样性和连接性；R 为恢复力指标，即系统恢复力的相对程度，用 $0 \sim 1$ 的数值表示。

Rapport 等（1998）将生态系统健康评价的指标概括为 8 个方面：活力、恢复力、组织、生态系统服务功能的维持、管理选择、外部补贴、对邻近系统的危害及对人类健康的影响。这些评价指标从自然系统、社会经济、人类健康等方面较全面地度量了生态系统的健康状况。诸多研究者认为，在生态系统健康评价中活力、组织、恢复力三个方面最为重要。

由于生态系统具有复杂性，并且处在不同的发展阶段，不同时间段的同一生态系统和处在不同地区不同环境的生态系统各具不同特点，需要选取不同的评价指标来监测其健康状况。因此，建立统一的指标体系来评价所有生态系统健康很难，也不科学。但是，一般的生态系统健康评价指标设计应包括以下内容（宋轩等，2003）：

物理化学指标：主要包括生态系统的环境指标，如水质、大气质量、土壤的物理和化学性质等；

生态学指标：包括物质循环、能量流动、生命周期、生物多样性、有毒物质的循环与隔离、生物栖息地多样性、食物链、初级生产力、恢复力、抵抗力、群落结构、稳定性、生态系统服务功能等；

社会经济学指标：包括人类健康水平、区域经济的发展水平、技术发展水平、公众环境质量和生活质量的观念以及政府管理决策等。

此外，也可以从两个方面建立指标体系，一是生态系统内部指标，包括生态毒理学、流行病学和生态系统医学；二是生态系统外部指标，例如用社会经济指标和结构功能指标来评价生态系统健康等。

总之，以生态学和生物学为基础，结合社会、经济和文化背景，综合运用不同尺度信息的指标体系是未来评价生态系统健康与否的关键（孔红梅等，2002）。因此，对生态系统健康的评价指标主要包括生态系统的活力、结构、恢复力、稳定性、人类健康、管理选择性等方面。

4. 生态系统健康评价方法

生态系统健康评价体系一般通过层次分析法（AHP）、模糊数学法（FPR）等方法来确定指标权重，分析生态系统健康问题，对生态系统健康进行综合评价。目前，中国学者在生态系统健康评价中常用的评价方法有综合指数评价法、聚类分析法等（盛芝露等，2011），详见表2-2。其中，基于层次分析法的综合评价方法在生态系统健康评价中应用广泛。

表 2-2 中国在生态系统健康评价中常用的评价方法

方 法	特 点	举 例
综合指数评价法	运用多个指标对参评对象进行评价，一般根据指标的重要性进行加权处理；评价结果不是具有具体含义的统计指标，而是以指数或分值表示参评对象"综合状况"的排序	城市生态系统健康评价指标体系的构建——以秦皇岛市生态系统为例（刘明华和董贵华，2005）
聚类分析法	据离散的数据结果，按其相似程度分类别，其结果可直观表征亲疏程度，利于区域生态系统健康状况的分类与评价	鄱阳湖地区土地健康评价（陈美球等，2004）
模糊数学法	模糊数学法建立模型只需考虑指标的相对重要性，避免了一些方法中对权重的确定主观性较大或计算过程过于复杂的缺陷，因而显得简易	基于模糊数学法的青岛市农村城市化地质环境适宜性研究（侯新文等，2010）
层次分析法	可在分析决策过程中进行统一处理定性、定量因素，可以有效明晰各项指标的权重，便于直观比较、分级分析	塔里木河流域生态系统健康评价（付爱红等，2009）
神经网络模型法	是非线性动力学中的网络动力学模型之一，具有高度非线性的超大规模连续时间动力学系统。神经网络可以更好地为地理过程进行时空动态模拟	基于神经元网络模型的崇明东滩湿地生态系统健康评估（王莹等，2010）
景观空间格局分析法	结合"3S"技术和景观生态学的基本原理进行空间定量分析以反映景观空间格局结构，建立景观结构功能模型和相关评价指标，从宏观角度给出区域生态的状况，取得良好的评价效果	基于景观格局的生态系统健康评价（张猛，2014）

层次分析法是美国著名的运筹学家Saaty于20世纪70年代提出的，是一种定性与定量分析相结合的多目标决策分析方法（Saaty，1980）。AHP吸收利用行为科学的特点，将决策者的经验判断给予量化，在目标（因素）结构复杂而且缺乏必要的数据情况下，采用此方法较为实用，是系统科学中常用的一种系统分析方法。由于该方法是在对复杂的决策问题的本质、影响因素及其内在关系等进行深入分析的基础上，利用较少的定量信息使决策的思维过程数学化，从而为多目标、多准则或无结构特性的复杂决策问题提供简便的决策方法。尤其适合于对决策结果难于直接准确计量的场合（赵焕臣，1986）。

（二）生态脆弱性评价

1. 生态脆弱性理论

由于不同领域的研究对象和学科视角不同，生态脆弱性的概念存在诸多分歧（Birkmannn，2006；李鹤等，2008）。赵桂久等（1993）认为生态脆弱性是生态系统在特定时空尺度上相对于干扰而具有的敏感反应和恢复状态，是生态系统的固有属性在干扰作用下的表现。也有学者认为生态脆弱性是指生态系统对外界干扰抵抗力弱，受到干扰后恢复能力低，容易由一种状态转变为另一种状态，而且一经改变难以恢复到初始状态的性质

（周劲松，1997；乔青等，2008）。於琍等（2005）认为生态脆弱性是指生态系统在面临外界各种压力和干扰的条件下，可能导致生态系统出现损伤和退化特征的一个程度衡量。

生态脆弱性虽然还没有明确一致的定义，但是学术界普遍认为，生态系统的脆弱性主要包括两方面：一方面是由自然的、生态系统内部所引起的自然脆弱性；另一方面是由外部的干扰尤其是人类活动所引起的脆弱性（王小丹和钟祥浩，2004）。生态脆弱性是宽泛的概念，而脆弱生态系统则是指具体的具有特殊脆弱性的生态系统，无论其成因、内部结构、外在表现形式如何，只要在外界干扰下易于向恶化的方向发展，就可以视为脆弱生态系统（冉圣宏等，2002）。脆弱生态系统是相对而言的，绝对稳定的生态系统是不存在的。相对稳定的生态系统，不能说明就完全没有脆弱因子；相对脆弱的生态系统，也不是其所有的构成因素都脆弱。因此从这个角度来说，任何生态系统都具有脆弱性的一面（Kasperson et al.，1999；姚建等，2003）。由于生态系统的物质、能量、结构、功能存在差异，生态系统的脆弱性也不尽相同，但是脆弱生态系统一般具有以下特点：生态承载能力低，环境容量低下；生态系统敏感性强，系统稳定性差；生态系统弹性力低，抵御外界干扰能力差；自我恢复能力和再生能力较差等（史德明和梁音，2002）。

2. 生态脆弱性评价方法

生态脆弱性评价可以科学识别生态系统脆弱性的成因机制及其变化规律，明确生态保护和生态恢复的方向（靳毅和蒙吉军，2011）。

（1）生态脆弱性评价指标体系

指标体系的构建是评价工作的核心。当前生态脆弱性评价指标体系，主要分为单一类型指标体系和综合性指标体系两大类（常学礼和赵爱芬，1999）。

1）单一类型指标体系：该指标体系基于特定地理背景，具有区域性特点，结构简单，针对性强，能够准确表征区域生态脆弱性的关键因子（王经民和汪有科，1999；罗新正，2002）。

2）综合性指标体系：评价指标体系涵盖的脆弱性因子比较全面，包括影响生态脆弱性的自然、社会、经济状况等各方面因素，既考虑生态系统内在功能与结构的特点，又考虑生态系统与外界之间的联系。主要有以下4种类型。

成因及结果表现指标体系：该体系体现生态脆弱性的成因指标与结果表现指标之间的因果关系（赵跃龙和张玲娟，1998；尚立照和张龙生，2010；钟晓娟等，2011）。

"压力—状态—响应"（pressure-state-response，PSR）指标体系：该体系是由经济合作与发展组织（OECD，2001）和联合国环境规划署（UNEP）基于"原因—效应—反应"原理共同提出的用于研究环境问题的框架体系（付博等，2011；秦磊等，2013）。

"生态敏感性—生态恢复力—生态压力度"指标体系：该体系基于生态系统稳定性的内涵而构建（卢亚灵等，2010；刘正佳等，2011）。

多系统评价指标体系：该体系运用系统论的观点，综合土地资源、气候资源、水资源、生物资源、社会经济等多子系统脆弱因子建立指标体系（冉圣宏等，2002；赵艺学，2003）。

（2）生态脆弱性评价方法

在针对研究区域确定生态脆弱性评价指标体系后，选择科学适宜的评价方法对于最终达到评价目的至关重要。在生态脆弱性评价中，评价方法主要包括有定性分析与定量分析两种。

1）定性分析法：定性分析法是根据经验及各种资料，对区域生态脆弱性进行的定性描述。

2）定量分析法：定量分析法是通过数学方法进行计算，以数值的形式对区域生态脆弱性进行的定量分析。目前，随着生态脆弱性研究的深入，定量评价方法也呈现出多样化、复杂化的特征，包括有模糊评价法（Enea and Salemi，2001；姚建，2004；Adriaenssens et al.，2004）、层次评价法（Huang et al.，2010；Liao et al.，2013）、主成分分析法（冯利华和黄亦君，2003；杨建平等，2007；）、景观评价法（Gómez-Sal et al.，2003；邱彭华等，2007）、综合评价法（冉圣宏等，2002；徐广才等，2009）以及指标指数评价法等（表2-3）。这些评价方法的评价思路有一定的差异，适用范围也有所不同，在面对复杂生态脆弱性问题时有各自的优缺点。

表 2-3　生态脆弱性定量评价方法

评价方法	评价思路
模糊评价法	根据模糊数学原理，构建隶属函数，评判生态脆弱性程度
层次评价法	建立递阶层次结构，通过判断矩阵计算指标权重，进行生态脆弱性评价
主成分分析法	通过主成分分析将多个评价指标转化为少数若干个主成分，进行生态脆弱性评价
景观评价法	结合景观生态学理论，以景观格局指数表征生态脆弱性
综合评价法	包括现状评价以及预测性模拟研究
指标指数评价法	建立指标指数，通过数学方法计算得到数值来刻画生态脆弱性

（三）生态系统服务价值评价

1. 生态系统服务的概念

自然生态系统不仅可以为我们的生存直接提供各种原料或产品（食品、水、氧气、木材、纤维等），而且在大尺度上具有调节气候、净化污染、涵养水源、保持水土、防风固沙、减轻灾害、保护生物多样性等功能，进而为人类的生存与发展提供良好的生态环境（Daily，1997）。这种由自然系统的生境、物种、生物学状态、性质和生态过程所产生的物质及其所维持的良好生活环境对人类的服务性能称为生态系统服务（ecosystem services）（Daily，1997；欧阳志云等，1999）。生态系统是生命支持系统，人类经济社会赖以生存发展的基础，其服务功能主要包括：①支持服务，如维持地球生命生存环境的养分循环；②供给服务，如提供食物、水、木材和纤维等；③调节服务，如调节气候、调节洪水、净化水质等；④文化服务，体现在美学方面、精神方面、教育方面等。

生态系统服务并不等同于传统经济学意义上的服务，它只有一小部分能够进入市场被进行买卖，大多数生态系统服务是公共品或准公共品，无法进入市场。

2. 生态系统服务价值评价意义

生态系统服务价值评价是指对生态系统为人类提供服务的能力进行定性或定量的研究。对其评价具有以下重要的意义（中国科学院可持续发展战略研究组，2003）：①有助于提高人们的环境意识。环境意识越高，人们对良好生态环境的需求越强烈，对保护环境的活动越主动。评价研究能够以货币的形式定量地显示自然生态系统为人类提供的服务的价值，从而提高人们对生态系统服务的认识程度，进而提高人们的环境意识；②促使商品观念的转变。传统的商品观念认为商品是用来交换的劳动产品，而生态系统服务价值中还存在没有进入市场的价值，打破了传统的商品价值观念，为自然资源和生态环境的保护找到了合理的资金来源，具有重要的现实意义；③有利于制定合理的生态资源价格。生态资源不仅具有可被人们利用的物质性产品价值，而且具有可被人们利用的功能性服务价值，评价研究可以为生态资源的合理定价、有效补偿提供科学的理论依据；④促进将生态服务纳入绿色GDP。现行的国民经济核算体系只体现出生态系统为人类提供的直接产品的价值，而未能体现其作为生命支持系统的间接价值，西方一些发达国家已经开始将生态系统服务的经济价值进行定期评价纳入绿色GDP（冯茹，2014）；⑤促进环境保护措施的科学评价。以往对环保措施的费用效益分析，大多不考虑生态系统为人类提供的生命支持系统功能的损失和增值，导致其结果不完全，而生态系统服务价值评价研究可以让人们了解生态系统给人类提供的全部价值，促进环保措施的合理评价；⑥为生态功能区划和生态建设规划提供基础，促进区域可持续发展。

3. 生态系统服务价值的评价方法

生态系统服务价值的定量评价方法主要有三类：能值分析法、物质量评价法和价值量评价法（中国科学院可持续发展战略研究组，2003）。能值分析法是指用太阳能值计量生态系统为人类提供的服务或产品，也就是用生态系统的产品或服务在形成过程中直接或间接消耗的太阳能焦耳总量表示（李丽锋等，2013；马凤娇和刘金铜，2014）。物质量评价法是指从物质量的角度对生态系统提供的各项服务进行定量评价（赵景柱，2000；Fu et al.，2013）。价值量评价法是指从货币价值量的角度对生态系统提供的服务进行定量评价（赵景柱，2000；傅伯杰和张立伟，2014）。其中，价值量评价方法主要包括市场价值法、机会成本法、影子价格法、影子工程法、费用分析法、人力资本法、资产价值法、旅行费用法和条件价值法。

第二节　三峡库区生态系统健康评价——以汝溪河流域为例

三峡水库是中国有史以来建造的最大的水库（Wu et al.，2004），水库修建产生的生态环境效应已经引起国内外学者的广泛关注（姚维科等，2006；New and Xie，2008）。由建坝产生的流域生态环境问题，其对库区流域的社会经济发展造成了一定压力。忠县位于三峡库区腹心地带，忠县汝溪河流域是其经济较发达的地区之一，具有重要的经济地位，且发展潜力巨大，在三峡库区河流及流域中具有典型的代表特征。在流域生态系统健康理论的基础上，构建基于"压力—状态—响应"（pressure-status-response，PSR）框架模型的评价体系，对2005～2009年三峡库区忠县汝溪河流域生态系统进行健康评价，可以了解该流域生态系统自然资源、社会经济的发展情况，分析环境状态变化的原因并提出相应的经济发展政策和管理措施，为三峡库区的类似退化流域生态系统的恢复重建提供科学依据和参考。

一、汝溪河流域概况

本研究选取三峡库区忠县汝溪河流域作为评价单元（图2-1）。忠县位于重庆市中部、三峡库区腹心地带。东北与万州相邻，西接垫江县，东南与石柱县毗邻，西南与丰都县接壤，北与梁平县为界。地处东经107°32′~108°14′，北纬30°03′~30°35′，幅员面积2187km²，耕地面积542.67km²。该县处暖湿亚热带东南季风区，属亚热带东南季风区山地气候，四季分明，雨量充沛，日照充足。≥10℃年积温5787℃，年均气温18.2℃，无霜期341天，日照时数1327.5小时，日照率29%，太阳总辐射能83.7kcal/cm²，年降雨量1200mm，相对湿度80%。据2010年末数据统计，全县户籍人口100.41万人，乡村户数24.39万户，乡村人口79.65万人，乡村从业人员44.10万人。

忠县土壤母质多为母岩风化残积物、堆积物和冲积物等，母岩风化浅，土壤熟化度低。忠县属亚热带常绿阔叶林带盆东岭谷植被亚区，有乔木127种，灌木129种，草本、藤本植物450种。据普查资料记载，有高等植物千种以上，已定名的有716种，隶属161科427属。农业生产运用的粮食作物品种442个。

汝溪河发源于万州区分水镇三角凼村，是长江一级支流，流经培文镇，在梁平县境内和汝溪河另一支流交汇，流经忠县汝溪镇，最后经忠县涂井乡注入长江。全流域面积720km²，主河道长54.5km，在忠县境内流域面积272.9km²，主河道长25.4km，多年平均径流总量达1.49×10⁹km³。因流域两岸乡镇的生活污水、生活垃圾、工业废水、畜禽养殖场粪便直排，导致水污染日趋严重。

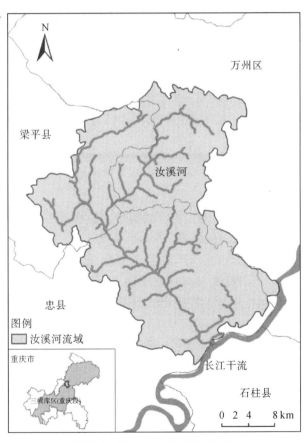

图2-1　汝溪河流域区位示意图

二、汝溪河流域生态系统健康评价指标体系的构建

生态系统健康评价的关键在于选择能指示系统健康状况的指标，以反映出生态系统结构功能是否受到损害。利用 PSR 模型建立评价指标体系应充分体现出研究区域的现状和主要特点，通过指标的具体状态和相互关系，归纳出影响研究区域生态系统健康的主要问题及原因。本书指标体系的建立遵循以下原则：①生态系统的完整性与敏感性；②把人类作为汝溪河流域生态系统的组成来看，充分体现出人类在生态系统中的作用；③评价指标的系统性、易操作性和数据可得性。

参考国内基于 PSR 框架模型的流域生态系统健康评价指标体系研究成果（蒋卫国等，2005；吴炳方等，2007；郭树宏等，2008；颜利等，2008），以及罗跃初（2003）、付爱红（2009）等的研究，以三峡库区忠县汝溪河流域的生态特征为基础，根据上述指标选择的原则，本研究构建了以目标层、项目层、指标层为三个层次的忠县汝溪河流域生态系统健康评价指标体系（图 2-2）。

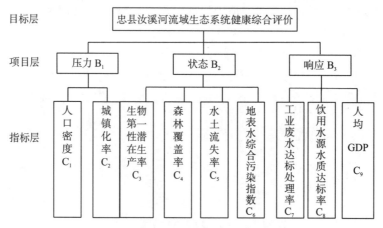

图 2-2　忠县汝溪河流域生态系统健康评价指标

1. 压力指标

压力指标反映生态环境所面临的压力，阐明生态系统承受压力的程度。生态系统健康不但决定于内在的自然因素，还决定于外在的人为干扰。水利、工农业、城市发展、畜牧、林业生产以及科教等人类活动不同程度地直接或间接改变生态环境，影响流域生态系统的健康。由于库区人口密度与城镇化率同时反映当地水利、工业等状况，因此，人口密度（人/km²）、城镇化率（%）作为压力指标即可将这些因素考虑在内。

2. 状态指标

所谓的状态指标是指生态环境的现状，即反映生态系统在各种自然、人类等因素综合作用下所表现出的一种状态。一般地，状态指标选择活力、组织、恢复力 3 个生态系统度量来反映生态系统自身的结构和功能。以生物第一性潜在生产率（NPP）[g/(m² · a)]作为表征该流域生态系统活力状况的指标，该指标利用迈阿密模型（Miami Model）求出（林贤福，2006）：

$$\text{NPP}(T) = 3000/(1 + e^{1.315-0.119 \cdot T}) \tag{2-1}$$

$$\text{NPP}(P) = 3000 \times (1 - e^{-0.000664 \cdot P}) \tag{2-2}$$

式中，T 为年均气温（℃），P 为年均降水量（mm），e 为自然对数的底数，NPP(T) 和 NPP(P) 分别为以温度和降水量估算的植物干物质产量 $[g/(m^2 \cdot a)]$。根据 Liebig 的限制因子定律，选取二者中的最低值作为各计算点的 NPP。同时，采用森林覆盖率（%）、水土流失率（%）代替生物多样性表征该流域生态系统的组织状况。此外，考虑评价指标的数据可得性，采用汝溪河地表水综合污染指数表征该流域生态系统的恢复状况。该指标来源于李仁芳和张信伟（2010）的研究结果，研究采用的数据为汝溪河流域两段的地表水综合污染指数的平均值；2005 年的汝溪河流域地表水综合污染指数通过 2006~2009 年汝溪河流域地表水综合污染指数线性拟合求出。

3. 响应指标

响应指标是指政府行为或政策、部门、个人对环境改变的应对和治理。一般健康的流域生态系统受到干扰时，会引起自然和社会经济两方面的变化。以工业废水达标处理率（%）、饮用水源水质达标率（%）作为反映自然对生态系统健康的响应，用人均 GDP 值（元/人）反映社会经济系统对生态系统变化的响应。

三、汝溪河流域生态系统健康评价方法

（一）评价指标的标准化处理

根据指标的基本性质和作用，采用极差标准化进行数据变换。把标准化分值设定为 0~1，得出 2005~2009 年忠县汝溪河流域各指标的标准化数值（表 2-4），所用处理公式为：

正向指标得分：

$$A_i = (x_i - x_{min})/(x_{max} - x_{min}) \tag{2-3}$$

负向指标得分：

$$B_i = (x_{max} - x_i)/(x_{max} - x_{min}) \tag{2-4}$$

式中，A_i 和 B_i 为参评因子第 i 级的分级标准化值，x_i 为参评因子第 i 级的实际值，x_{min} 和 x_{max} 分别为参评因子的最小值及最大值。正向指标包括：生物第一性潜在生产率、森林覆盖率、工业废水达标处理率、饮用水源水质达标、人均 GDP，负向指标包括：人口密度、城镇化率、水土流失率、地表水综合污染指数等。

表 2-4　忠县汝溪河流域生态系统健康评价指标的标准化数值

目标层	项目层	指标层	2005~2009 年各指标标准化数值				
			2005	2006	2007	2008	2009
流域生态系统健康评价	压力	人口密度	1.00	0.84	0.58	0.32	0.00
		城镇化率	1.00	0.76	0.51	0.10	0.00
	状态	生物第一性潜在生产率（NPP）	0.36	0.00	1.00	0.63	0.38
		森林覆盖率	0.00	0.25	0.59	0.80	1.00
		水土流失率	0.00	0.31	0.67	0.85	1.00
		地表水综合污染指数	0.97	0.33	0.00	1.00	0.83

目标层	项目层	指标层	2005~2009 年各指标标准化数值				
			2005	2006	2007	2008	2009
流域生态系统健康评价	响应	工业废水达标处理率	0.50	0.93	1.00	0.04	0.00
		饮用水源水质达标率	0.00	0.00	0.00	0.00	0.00
		人均 GDP	0.00	0.14	0.41	0.79	1.00

(二)指标权重的确定

评价指标的权重决定了各个因子对流域生态环境健康状况的贡献大小。为避免片面性和主观性,研究中采用层次分析法(AHP)计算各指标的权重值(李昌晓等, 2003；李晓东等, 2009),采用两两比较的形式对每一层次的因素建立判断矩阵,用 Saaty(1980)提出的"1~9 比率标度法"进行定量评价。通过计算判断矩阵的特征值和特征向量,得到各层次因素关于上一层次因素的相对权重(层次单排序权值),并检验矩阵的一致性。当判断矩阵的随机一致性比率 $CR = (CI/RI) < 0.1$ 时,则认为判断矩阵具有满意的一致性。自上而下地用上一层次因素的相对权重加权求和,求出各层次因素关于总目标的综合重要值(层次总排序权值)。

(三)汝溪河流域生态系统健康综合指数的构建

通过查阅相关资料、参照国内外相关流域生态系统健康评价研究的评价标准(崔保山等, 2002；Kim et al., 2012),并根据被评价系统的具体特征和实际情况等,本研究将汝溪河流域生态系统的健康状况划分为 5 个等级,即很健康、健康、较健康、一般病态、疾病(表 2-5),每一等级均赋予不同的分值范围(表 2-6)。运用综合评价指数法计算出汝溪河流域的生态系统健康综合指数(E),根据其分值最终确定该流域生态系统在 2005~2009 年间的健康状况。

$$E = \sum_{i=1}^{n} W_i \times X_i \qquad (2-5)$$

式中,W_i 为各种指标的权重,X_i 为各指标标准化后数值,n 为评价指标的个数。

表 2-5 忠县汝溪河流域生态系统健康指数分级标准

标准分级	评价标准	标准化分值	生态系统健康状态
1 级	很健康	1.0~0.8	流域生态系统活力极强,结构合理,生态功能极其完善,外界压力很小,无生态异常出现,生态系统极其稳定,处于可持续状态
2 级	健康	0.8~0.6	流域生态系统活力较强,结构比较合理,生态功能比较完善,外界压力小,无生态异常出现,生态系统尚稳定,生态系统可持续
3 级	较健康	0.6~0.4	流域生态系统具有一定的活力,结构完整,外界压力较大,接近生态阈值,生态系统尚可维持,已有少量的生态异常出现
4 级	一般病态	0.4~0.2	流域生态系统活力较低,结构出现缺陷,生态功能较弱,外界压力大,生态异常较多,生态系统开始恶化
5 级	疾病	0.2~0	流域生态系统活力极低,结构极不合理,生态功能极弱,外界压力很大,生态异常大面积出现,生态系统已经严重恶化

表2-6　忠县汝溪河流域生态系统健康评价指标体系评价标准*

标准化分值	1.0~0.8	0.8~0.6	0.6~0.4	0.4~0.2	0.2~0
评价标准	很健康	健康	较健康	一般病态	疾病
标准分级	1级	2级	3级	4级	5级
人口密度/(人/km²)	<100	100~300	300~500	500~700	>700
城镇化率/%	<10	10~15	15~25	25~35	35~45
生物第一性潜在生产率/[g/(m²·a)]	>1000	1000~800	800~600	600~400	<400
森林覆盖率/%	50~70	40~50	30~40	20~30	10~20
水土流失率/%	≤10	10~30	30~50	50~70	>70
地表水综合污染指数	I	II	III	IV	V
工业废水达标处理率/%	>90	90~80	80~60	60~40	40~20
饮用水源水质达标率/%	>90	90~80	80~60	60~50	50~40
人均GDP/(万元/人)	>1.2	1.2~1.0	1.0~0.8	0.8~0.5	<0.5

*本标准参考相关文献（龙笛等，2006；颜利等，2008），以及 GB3838—2002《地表水环境质量标准》Ⅲ类标准。

四、汝溪河流域生态系统健康评价

(一)汝溪河流域生态系统健康状况综合分析(2005~2009年)

流域生态系统是社会、经济、自然的复合生态系统，它不仅为人类提供自然生态服务，而且还需满足人类社会、经济各方面的需求（江波等，2011）。本研究基于PSR模型，建立了三峡库区忠县汝溪河流域生态系统健康的评价体系，根据评价标准和生态系统健康综合指数对该流域2005~2009年的健康状况进行了评价。根据确定评价指标权重的基本步骤，采用层次分析法逐层设置出三峡库区忠县汝溪河流域生态系统健康评价各指标的权重值，结果如表2-7至表2-10，进而得出三峡库区忠县汝溪河流域生态系统在2005~2009年的健康状况(表2-12)。

表2-7　确定项目层权重值的判断矩阵

对象	对象标度			权重值
	压力	状态	响应	
压力	1	1/3	2	0.2493
状态	3	1	3	0.5936
响应	1/2	1/3	1	0.1571
CR	CR=0.0516<0.1			1.0000

表 2-8 压力各指标权重值的判断矩阵

对象	对象标度		权重值
	人口密度	城镇化率	
人口密度	1	3	0.7500
城镇化率	1/3	1	0.2500
CR	CR = 0.0000 < 0.1		1.0000

表 2-9 状态各指标权重值的判断矩阵

对象	对象标度				权重值
	生物第一性潜在生产率	森林覆盖率	地表水综合污染指数	水土流失率	
生物第一性潜在生产率	1	3	2	5	0.4946
森林覆盖率	1/3	1	1/2	1	0.1351
水土流失率	1/5	1	1/2	1	0.1189
地表水综合污染指数	1/2	2	1	2	0.2514
CR	CR = 0.0092 < 0.1				1.0000

表 2-10 响应各指标权重值的判断矩阵

对象	对象标度			权重值
	工业废水达标处理率	饮用水源水质达标率	人均 GDP	
工业废水达标处理率	1	3	1	0.4434
饮用水源水质达标率	1/3	1	1/2	0.1692
人均 GDP	1	2	1	0.3874
CR	CR = 0.0176 < 0.1			1.0000

研究表明,对三峡库区忠县汝溪河流域生态系统健康影响较大的有生物第一性潜在生产率、人口密度、地表水综合污染指数等指标,其在总指标体系中的权重分别为0.2937、0.1870 与 0.1492(表 2-11),研究结果表明,三峡库区忠县汝溪河流域生态系统健康综合评价指数范围为 0.3688 ~ 0.6231,平均值为 0.5097(表 2-12)。五年间,该流域生态系统健康处于波动状态,健康状况未出现明显的变好或逐渐恶化的情况。其中,2007 年的流域生态系统健康状况最佳,但 2006 年的流域生态系统健康状态较差,总体上忠县汝溪河流域生态系统处于较健康的状态。导致 2005 ~ 2009 年汝溪河流域生态系统未达健康的主要原因是 NPP 的下降,以及人口密度、地表水综合污染指数的增加。

表 2-11 忠县汝溪河流域生态系统健康评价各指标权重

目标层	项目层	权重	指标层	权重	在总指标体系中的权重	排序
流域生态系统健康评价	压力	0.2493	人口密度	0.7500	0.1870	2
			城镇化率	0.2500	0.0623	7
	状态	0.5936	生物第一性潜在生产率 NPP	0.4946	0.2936	1
			森林覆盖率	0.1351	0.0802	4
			水土流失率	0.1189	0.0706	5
			地表水综合污染指数	0.2514	0.1492	3
			工业废水达标处理率	0.4434	0.0696	6
	响应	0.1571	饮用水源水质达标率	0.1692	0.0266	9
			人均 GDP	0.3874	0.0609	8

表 2-12 2005~2009 年忠县汝溪河流域生态系统健康综合评价结果

年份	2005	2006	2007	2008	2009	平均值
生态系统健康综合指数(E)	0.5345	0.3688	0.6231	0.5752	0.4470	0.5097
健康状况	较健康	一般病态	健康	较健康	较健康	较健康

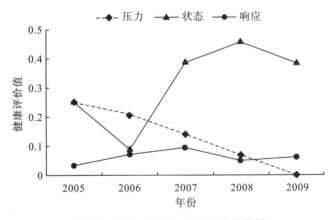

图 2-3 压力、状态、响应变化趋势图

(二)汝溪河流域生态系统健康评价讨论

研究结果表明,三峡库区忠县汝溪河流域在 2007 年处于健康状态,生态系统所受的人口密度和城镇化率等压力较小,2005~2009 年间生物第一性潜在生产率最高,系统活力较强,地表水轻度污染,工业废水处理达标率也较高,系统功能较完善,无生态异常,系统稳定性较高,系统处于可持续状态。2005 年、2008 年和 2009 年的汝溪河流域处于较健康状态,其人口密度、城镇化率等指标对汝溪河流域生态系统施加一定的压力,但生物第一性潜在生产率较高,地表水尚清,工业废水处理也较理想,生态结构还完整,具有一定的系统活力、功能基本上完善、系统稳定但对外界因素较敏感,有少量的生态异常现象，生态系统可维持。然而，2006年，汝溪河流域的综合健康指数仅为0.3688（表2-12），为五年中的最低值，该流域的生态系统处于一般病态级别。虽然该时期该流域生态系统所受的人口密度增长、城镇化率增大等外界压力较小，流域地表水尚清、工业废水处理也较理想，但水土流失较严重、森林覆盖率较低，且发生历史少见的旱灾导致系统生物第一性潜在生产率大大降低，系统活力较低，生态结构出现缺陷，生态功能不完善，对外界干扰因素敏感。因此，从2005年至2009年，该流域生态系统健康综合指数在2006年达到最低，该流域的健康状态最差，但是，基本上可以维持系统的稳定性。

任何生态系统的自我调节能力都有一定的限度，其稳定性也相应地有一定的限度。当外界施加的压力超过生态系统的自身调节能力或代谢功能时，会造成结构和功能的破坏，使生态系统退化甚至严重退化。退化的流域生态系统功能有所弱化（如环境净化、水土保持功能下降等）。生态系统的健康状态是对其过去所承受的各种干扰的反映，这种反映往往在时间上有一定的滞后期，选择压力指标可以对生态系统的退化起到一定的预警作用（蒋卫国等，2005）。在研究中，忠县位于三峡库区腹心地带，随其经济发展、人口增多、人民生活水平的不断提高，人类的各种需求不断加大。人类需求的基本来源与流域生态系统密切相关，人口对生态环境的压力（如人口密度增大、城镇化率的提高）影响着流域生态系统的健康。虽然由于忠县2005年至2009年的人口密度、城镇化率不断递增，对该系统施加的压力不断加大，但该压力仍处在环境允许的范围内，其流域生态系统尚能维持其稳定性。

健康的生态系统应保持较良好的组织、活力及恢复力（Costanza，2012）。组织主要是指系统的复杂性，活力主要是生态系统的生产能力，是生态系统中其他生物生存和繁衍的最基本的物质基础，而当健康的生态系统受到压力胁迫时有保持其结构和功能稳定的能力，即具有弹性（恢复力）（任海等，2000）。从状态方面看，忠县汝溪河流域2005年至2009年的状态整体上较健康，生态系统活力较高、系统结构较完整、系统功能较完善，不但能维持系统本身的健康和稳定性，也能为人类提供生态服务，满足人们的各种需求。流域生态系统所面临的各种压力经生态系统的自我调节而得到一定的缓解，因而对流域生态系统健康的影响大大降低，但也在一定程度上增加了生态系统的负担。生物第一性潜在生产率、地表水综合污染指数在状态各指标权重值的比例分别占到49.46%与25.14%（表2-11），说明在该流域生态系统中，NPP与地表水综合污染指数对状态的影响较为重要。

响应指标反映政府行为或政策、部门、个人对环境改变的应对和治理，其中工业废水达标处理率与人均GDP为较重要的指标（表2-11）。2005~2009年，工业废水达标处理率呈先上升后下降的趋势，人均GDP逐年升高，总体上，忠县汝溪河流域的自然和社会经济均反映了生态系统健康的响应处于良好的状态，忠县政府、个人和相关部门的政策、行为和治理在一定程度上减轻了环境所受的压力，使汝溪河流域生态系统维持其良好的健康状态。

有研究表明，PSR模型中，压力、状态和响应的变化并不是同步的（翟红娟等，2008），本研究也有相似的结果。压力的总体变化为健康状况在不断下降，逐渐呈病态发展，即人为干扰不断增强；状态与响应的总体变化形态具有一定的相似性（图2-4）。在全球变化的背景下，重庆地区气候变化明显，2006 年出现极端气候事件，植被对气候因子的响应也随之发生变化。降水和温度是反映一个地区气候状况的主要因子，2006 年重庆市降水偏低，进而导致总体权重中最大的 NPP 降低，状态健康评价值于该年份处于最低。然而，在人类社会活动日益增强的情况下，人为因子成为主要的影响源，一方面人类有意识的植树造林，保护植被，重庆地区实行天保工程、退耕还林、长江防护林等一系列生态工程，大力实施生态建设和保护，生态效益显著，随人类活动响应有所增加；另一方面，人均 GDP 的增加、城市建设的加快对流域生态系统健康状态存在负面影响，2007～2008 年响应有所降低，但是由于森林工程的实施，状态在此段时间内仍处于上升趋势。自然压力和人类活动压力对生态系统的影响较大，压力较大，状态不断退化，随着人类活动加强，响应有所增加，但恶化的状态在短期内很难恢复。

（三）汝溪河流域生态系统健康评价结论

（1）2005～2009 年的三峡库区忠县汝溪河流域生态系统健康整体上处于较健康的状态，其所受的人为压力适当，生态系统活力较高，具有一定的恢复能力和自我调节能力。同时，当地政府、部门和人民根据环境的实际情况共同实施各种治理措施，缓解生态系统的外在压力，一定程度上减轻了系统的负担，帮助生态系统在一定时间内通过人为协助和自身调节能力恢复其健康状态。

（2）对三峡库区忠县汝溪河流域生态系统健康影响较大的有生物第一性潜在生产率（NPP）、人口密度、地表水综合污染指数等指标，其在总指标体系中的权重分别为0.2937、0.1870 与 0.1492，导致 2005～2009 年汝溪河流域生态系统未达健康的主要原因是 NPP 的下降，以及人口密度、地表水综合污染指数的增加。

（3）随着时间的推移，日益积累的各种不利因素，导致生态系统承受的压力越来越大。如果外界压力强度超过系统的承载力，则会出现生态系统的破坏甚至退化。尽管目前忠县汝溪河流域生态系统处于较健康状态，但忠县仍应根据该流域生态系统的实际情况，以可持续发展为基础，科学地、合理地开发利用该流域的各种资源，保护该流域的生物多样性，加强水土保持，提高生活、工业污水处理达标率，加强各种环保工作，提高人民群众的环保意识，把社会效应、经济效应与生态环境相结合，保持汝溪河流域生态系统的健康状态。

基于 PSR 模型的生态系统健康评价结构简明，便于操作，一定程度上突出了生态系统健康状态的驱动信息和由此产生的环境效应及对策，易于找出影响其健康的主导因子，从而有助于决策者采取合适的政策和管理措施。然而，由于国内外还没有统一的流域生态系统健康评价指标体系与评价标准，本研究依据该流域的实际情况，参考其他研究者有关流域生态系统的研究结果和某些国家标准，建立了评价的指标体系和标准，评价结果只能近似地说明该流域生态系统的健康状况。但是，可以确信，随着评价指标体系的不断改进和完善，对三峡库区忠县汝溪河流域生态系统的环境状况认识的不断加深，其生态系统健康评价必定更加准确和完善。

第三节　三峡库区(重庆段)生态系统脆弱性评价

三峡库区是长江流域主要的生态脆弱和敏感区之一，是中国乃至世界最为特殊的生态功能区，大约85%的库区面积分布在重庆范围内。三峡库区重庆段特殊的生态地理位置以及水库建设导致的自然环境变异、社会经济发展产生的人口增加、资源消耗、污染加剧等一系列问题，使得"先天"已经十分脆弱的库区生态系统在叠加强大的外界干扰后变得更加独特、复杂和脆弱。因此，开展有关三峡库区重庆段生态脆弱性的研究对于三峡工程长期安全运行、整体功能有效发挥，以及长江流域生态安全和可持续发展具有十分重要的现实意义。

一、三峡库区(重庆段)生态系统脆弱性评价指标体系构建

科学合理的生态脆弱性评价指标体系是生态脆弱性评价的前提和基础，也是判断评价结果是否客观有效的主要依据(薛纪渝和罗承平，1995；Skondras et al.，2011)。

根据生态脆弱性的概念内涵可知，生态脆弱性受生态系统自身内部结构组成和外界环境扰动等因素影响。造成生态脆弱性的要素和条件概括起来主要是结构型脆弱性及胁迫型脆弱性两大类(周松秀等，2011；王岩等，2013)。借鉴已有的生态脆弱性评价研究的指标体系(田亚平等，2013)，遵循生态脆弱性评价指标体系的构建原则，根据三峡库区重庆段生态脆弱性实际表现特征，从结构型脆弱性和胁迫型脆弱性两方面选取适宜的指标建立三峡库区重庆段生态脆弱性评价指标体系(图2-4)。

(一)结构型脆弱性

结构型脆弱性指生态系统自身结构组成存在先天的不稳定性和敏感性，主要是由地质、地貌、水文、土壤、气候和植被等自然要素综合作用所决定。三峡库区高差悬殊、山高坡陡、河谷深切、降水时空分布不均、暴雨强度大、是长江流域著名的"火炉"，崩塌、滑坡、泥石流、洪涝、干旱、极端高温等自然灾害频发，植被覆盖率低、土壤瘠薄、水土流失严重。所以本研究选择地形起伏度和坡度作为地形地貌脆弱指标；年降水量距平表征年降水与同期平均状态的偏离程度，反映旱涝灾害强度；高温季节(6~9月)温度反映极端高温天气对生态系统组分、结构和功能的影响；植被覆盖度、植被净初级生产力和土地覆盖类型反映植被对库区环境变异的抗干扰能力和缓冲能力；土壤有机碳含量指示土壤健康状态；土壤侵蚀强度反映水土流失特征。

(二)胁迫型脆弱性

胁迫型脆弱性指外界的压力或干扰尤其是人类活动易使生态系统产生不利变化。长期以来，人类以各种方式持续不断地干预并作用于三峡库区生态系统。三峡库区人口基数大，增长快，城乡二元结构明显，地域分布差异显著；人地关系紧张，不合理利用土地资源造成过渡垦殖；沿岸城镇工业废水和生活污水直接或间接排入江河，垃圾大量堆放在江河两岸或直接倾倒入江河，对库区流域水环境质量构成严重威胁；滥用化肥、农药导致库区农业面源污染严重。故选择人口密度、土地垦殖率、工业废水排放量、化肥

施用强度、农药施用强度、城镇生活污水排放量、城镇生活垃圾排放量等指标反映人类生产生活对三峡库区重庆段生态系统造成的压力。人均水资源量反映区域水资源稀缺程度；人均 GDP 指标反映区域经济发展水平，一定程度上能够反映生态系统的健康状况以及对生态建设和保护的投入能力。

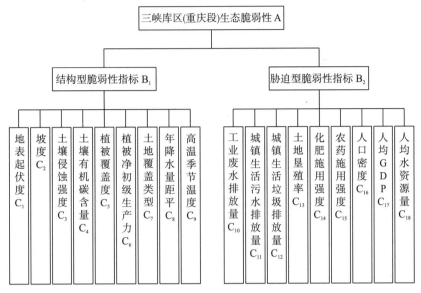

图 2-4　三峡库区(重庆段)生态脆弱性评价指标体系

二、三峡库区(重庆段)生态系统脆弱性评价指标数据库

(一)评价指标数据来源及预处理

评价体系选取的 18 个指标中，地表起伏度、坡度、土壤有机碳含量 3 个指标在短时间内基本不会发生变化，在研究时间范围内采用同一数据；土壤侵蚀强度指标研究时段范围内变化程度较小，故研究时段前期(2001～2005 年)、研究时段后期(2006～2010 年)分别采用 2000 年、2005 年两期土壤侵蚀数据；其余指标数据采集时间范围均为 2001～2010 年。

首先对评价指标原始数据进行初步计算整理(表 2-13)。由于不同评价指标的数据源类型和空间精度存在差异，在 ArcGIS10.0 软件平台支持下，对其进行空间量化处理。

表 2-13　评价指标数据描述及来源

指标	计算方法及说明	来源
地表起伏度	(单位面积内)最大高程值－最小高程值	90m DEM 美国 NASA 和 NIMA
坡度	数字高程模型数据坡度提取	
土地覆盖类型	基于 UMD(美国马里兰大学修订)土地覆盖类型数据集重分类为水体、林地、草地、耕地、建设用地和裸地 6 种类型	500m MCD12Q 美国 NASA (2001～2010 年)

续表

指标	计算方法及说明	来源
植被覆盖度	基于 NDVI 数据利用像元二分模型计算	250m MOD13Q 美国 NASA
植被净初级生产力	基于 NDVI 数据利用 CASA 模型计算	(2001～2010 年)
土壤侵蚀强度	1∶10 万重庆市土壤侵蚀等级数据	地球系统科学数据共享网 http://imde.geodata.cn (2000 年/2005 年)
土壤有机碳含量	1∶100 万中国土壤数据库	中科院南京土壤研究所
年降水量距平	(某年降水量－多年平均降水量)/多年平均降水量	中国气象科学数据共享服务网 http://cdc.cma.gov.cn
高温季节温度	6～9 月平均气温	(2001～2010 年)
土地垦殖率	耕地面积/土地面积	
化肥施用强度	化肥施用量/耕地面积	
农药施用强度	农药施用量/耕地面积	重庆市年统计年鉴
人口密度	人口数量/土地面积	(2001～2010 年)
人均 GDP	GDP 总量/人口数量	
人均水资源量	水资源总量/人口数量	重庆市年水资源公报 (2001～2010 年)
工业废水排放量	监测统计	
城镇生活污水排放量	监测统计	长江三峡工程生态与环境 监测公报
城镇生活垃圾排放量	监测统计	(2001～2010 年)

行政统计数据：包括人口密度、化肥施用强度、农药施用强度、土地垦殖率、人均水资源量和人均 GDP，取三峡库区重庆段 22 个区县统计数据；环境监测数据：包括工业废水排放量、城市生活污水排放量和城市生活垃圾排放量，取三峡库区重庆段 22 个区县监测数据；气象数据：包括年降水量距平和高温季节温度，取三峡库区及其周边地区 26 个气象站点数据。以上点源数据均采用反距离加权插值法(inverse distance weighted, IDW)进行空间确定性插值，实现数据空间化。

(二)评价指标数据标准化

由于评价指标的量纲及其物理意义存在差异，无法直接用于评价，所以必须对评价指标数据进行标准化处理，以解决参数不可比的问题。对于定量指标和定性指标分别采用极差法和分等级赋值法，使其值标准化为 0～10。

极差法：定量评价指标与生态脆弱性的关系有正向和负向之分。正向关系是指评价指标数值越大，生态脆弱性越高；负向关系是指评价指标数值越小，生态脆弱性越高。正向指标包括：地表起伏度、坡度、年降水量距平、高温季节温度、人口密度、工业废水排放量、城镇生活污水排放量、城镇生活垃圾排放量、化肥施用强度、农药施用强度、土地垦殖率等指标；负向指标包括植被覆盖度、植被净初级生产力、土壤有机碳含量、人均水资源量、人均 GDP 等指标。为便于进一步研究，将负向指标正向化，使指标作用方向一致，正向指标和负向指标分别采用不同的标准化计算公式(南颖等，2013)：

正向评价指标：

$$Z_i = \frac{X_i - X_{\min}}{X_{\max} - X_{\min}} \times 10 \qquad (2\text{-}6)$$

负向评价指标：

$$Z_i = \frac{X_{\max} - X_i}{X_{\max} - X_{\min}} \times 10 \qquad (2\text{-}7)$$

式中，Z_i 为第 i 个指标的标准值，变化范围为 0~10，X_i 为第 i 个指标的实际值，$X_{\max}$ 为实际值的最大值，$X_{\min}$ 为实际值的最小值。

分等级赋值法：定性指标包括土壤侵蚀强度和土地覆盖类型指标，根据相关研究成果（南颖等，2013），按照专家知识和实际特征对指标因子直接分级赋值的方法进行标准化处理（表2-14）。

表2-14　分等级赋值标准

指标	标准化赋值				
	2	4	6	8	10
土壤侵蚀强度	微度	轻度	中度	强烈	极强烈、剧烈
土地覆盖类型	林地、水体	草地	耕地	建设用地	裸地

三、三峡库区（重庆段）生态系统脆弱性评价方法

（一）空间主成分分析 SPCA 评价模型

主成分分析（principal component analysis，PCA）是考虑各指标之间的相互关系，在尽量减少原始信息损失的前提下，利用降维的思想将多个指标转换为少数几个互不相关的指标，从而使研究变得简单的一种多元统计分析方法。主成分分析主要的步骤：①原始数据标准化处理基础上建立变量的相关系数矩阵；②计算相关系数矩阵的特征值及其对应的单位特征向量；③将特征向量作线性拟合，输出多个主成分因子。

空间主成分分析（spatial principal component analysis，SPCA）是指在地理信息系统软件平台支持下，通过对原始空间轴的旋转，将相关的多变量空间数据转化为少数几个不相关的综合指标，实现利用尽量少的综合指标，最大限度地保留原来较多空间变量所反映的信息，完成主成分分析。

本研究应用 ArcGIS10.0 的主成分分析模块对 18 个评价指标进行空间主成分分析，依据主成分的累积贡献率达到85%以上的标准，确定提取前 7 个主成分（表2-15）。在完成空间主成分分析的基础上，进一步计算生态脆弱性指数（EVI），其计算公式如下（Li et al.，2006；Wang et al.，2008）：

$$EVI = \sum_{i=1}^{n} Y_i \times r_i \qquad (2\text{-}8)$$

式中，EVI 为生态脆弱性指数，Y_i 为第 i 个主成分；r_i 为第 i 个主成分相应的贡献率。其中贡献率计算方法如下：

$$r_i = \frac{\lambda_i}{\sum\limits_{i=1}^{n} \lambda_i} \tag{2-9}$$

式中，r_i 为第 i 个主成分的贡献率；λ_i 为第 i 个主成分的特征值。

表 2-15　各主成分的特征值与贡献率和累计贡献率

年份		主成分						
		PC1	PC2	PC3	PC4	PC5	PC6	PC7
2001	特征值 λ	2.7804	1.7725	0.7781	0.5208	0.4439	0.4330	0.3092
	贡献率/%	34.69	22.12	9.71	6.50	5.54	5.40	3.86
	累计贡献率/%	34.69	56.81	66.52	73.02	78.56	83.96	87.82
2002	特征值 λ	3.0523	1.7911	0.8544	0.5242	0.4662	0.4419	0.3753
	贡献率/%	35.38	20.76	9.91	6.08	5.40	5.12	4.35
	累计贡献率/%	35.38	56.14	66.05	72.13	77.53	82.65	87.00
2003	特征值 λ	3.3579	1.8105	0.8537	0.8131	0.5198	0.4655	0.4424
	贡献率/%	35.05	18.90	8.91	8.49	5.43	4.86	4.62
	累计贡献率/%	35.05	53.96	62.87	71.35	76.78	81.64	86.26
2004	特征值 λ	3.2693	1.7679	0.7968	0.5599	0.4489	0.4004	0.2952
	贡献率/%	38.44	20.78	9.37	6.58	5.28	4.71	3.47
	累计贡献率/%	38.44	59.22	68.59	75.17	80.45	85.16	88.63
2005	特征值 λ	3.6773	1.8006	0.8473	0.7234	0.5035	0.4370	0.3889
	贡献率/%	37.87	18.54	8.73	7.45	5.19	4.50	4.00
	累计贡献率/%	37.87	56.41	65.14	72.59	77.78	82.28	86.28
2006	特征值 λ	3.9149	1.7784	0.8294	0.5826	0.5175	0.4199	0.3944
	贡献率/%	40.73	18.50	8.63	6.06	5.38	4.37	4.10
	累计贡献率/%	40.73	59.23	67.86	73.92	79.30	83.67	87.77
2007	特征值 λ	3.8209	1.7645	0.8283	0.6376	0.4711	0.4224	0.3469
	贡献率/%	40.28	18.60	8.73	6.72	4.97	4.45	3.66
	累计贡献率/%	40.28	58.88	67.61	74.33	79.30	83.75	87.41
2008	特征值 λ	4.4912	1.7866	0.9000	0.7914	0.5160	0.4699	0.3986
	贡献率/%	42.08	16.74	8.43	7.41	4.83	4.40	3.73
	累计贡献率/%	42.08	58.82	67.25	74.66	79.49	83.90	87.63
2009	特征值 λ	4.0688	1.7645	0.8207	0.7654	0.5235	0.4332	0.3915
	贡献率/%	40.00	17.35	8.07	7.53	5.15	4.26	3.85
	累计贡献率/%	40.00	57.35	65.42	72.95	78.10	82.36	86.21
2010	特征值 λ	3.8250	1.7650	0.9144	0.6053	0.5143	0.4763	0.3863
	贡献率/%	39.41	18.19	9.42	6.24	5.30	4.91	3.98
	累计贡献率%	39.41	57.60	67.02	73.26	78.56	83.47	87.45

（二）生态脆弱性分级

为了利于生态脆弱性的度量，同时也为了不同年份之间的评价结果具有可比性，将生态脆弱性指数进行标准化处理（徐涵秋，2013）。标准化计算方法如下：

$$SI_i = \frac{EVI_i - EVI_{\min}}{EVI_{\max} - EVI_{\min}} \times 10 \qquad (2\text{-}10)$$

式中，SI_i 为第 i 年的生态脆弱性指数的标准化值，变化范围为 $0 \sim 10$；EVI_i 为第 i 年的生态脆弱性指数的实际值；$EVI_{\max}$ 为多年生态脆弱性指数的最大值；$EVI_{\min}$ 为多年生态脆弱性指数的最小值。

在标准化后的生态脆弱性指数的基础上，参照国内外已有的生态脆弱性评价研究的评价标准（樊哲文等，2009；靳毅和蒙吉军，2011），并根据研究区的具体特征，将三峡库区重庆段生态脆弱性划分为 5 个等级，分别为微度脆弱、轻度脆弱、中度脆弱、重度脆弱和极度脆弱（表 2-16）。

表 2-16　三峡库区重庆段生态脆弱性分级标准

脆弱性	等级	生态脆弱性指数标准化值	生态特征
微度脆弱	Ⅰ	<2.0	生态系统结构和功能合理完善，所承受压力小，生态系统稳定，抗外界干扰能力和自我恢复能力强，无生态异常出现，生态脆弱性低
轻度脆弱	Ⅱ	2.0 ~ 4.0	生态系统结构和功能较为完整，所承受压力较小，生态系统较稳定，抗外界干扰能力和自我恢复能力较强，存在潜在的生态异常，生态脆弱性较低
中度脆弱	Ⅲ	4.0 ~ 6.0	生态系统结构和功能尚可维持，所承受压力接近生态阈值，生态系统较不稳定，对外界干扰较为敏感，自我恢复能力较弱，已有少量生态异常，生态脆弱性较高
重度脆弱	Ⅳ	6.0 ~ 8.0	生态系统结构和功能出现缺陷，所承受压力大，生态系统不稳定，对外界干扰敏感性强，受损后恢复难度大，生态异常较多，生态脆弱性高
极度脆弱	Ⅴ	≥8.0	生态系统结构和功能严重退化，所承受压力极大，生态系统极不稳定，对外界干扰极度敏感，受损后恢复难度极大，甚至不可逆转，生态异常大面积出现，生态脆弱性极高

（三）生态脆弱性综合指数

使用定量的综合性指数能够更加直观的表示生态脆弱性状态。采用乘算模型对生态脆弱性综合指数（ecological vulnerability synthetic index，$EVSI$）进行求算，计算方法如下（廖炜等，2011）：

$$EVSI = \sum_{i=1}^{n} P_i \times \frac{A_i}{S} \qquad (2\text{-}11)$$

式中，$EVSI$ 为生态脆弱性综合指数；P_i 为第 i 类脆弱性等级值；A_i 为第 i 类脆弱性面积；S 为区域总面积。

（四）质心模型

引入质心模型对研究区域的生态脆弱性动态变化进行分析。质心迁移反映生态脆弱性在空间上的变化轨迹，如果研究区各方向上的生态脆弱性均衡发展，则其质心基本不变；若在某一方向上增减比较明显，则其质心发生明显偏移。质心模型如下：

$$X_t = \frac{\sum_{i=1}^{n}(EVI_{ti} \times X_i)}{\sum_{i=1}^{n}EVI_{ti}}, \quad Y_t = \frac{\sum_{i=1}^{n}(EVI_{ti} \times Y_i)}{\sum_{i=1}^{n}EVI_{ti}} \tag{2-12}$$

式中，X_t、Y_t 表示第 t 年生态脆弱性质心的地理坐标，EVI_{ti} 表示第 t 年第 i 个栅格单元的生态脆弱性指数值，X_i、Y_i 表示第 i 个栅格单元的地理坐标。

（五）变化斜率法

变化斜率法是对一组随时间变化的变量进行回归分析，其回归斜率反映时间范围内相关变量的变化趋势。本研究利用最小二乘法逐个对栅格的生态脆弱性指数与时间进行回归拟合（孙华等，2010），其变化斜率计算公式如下：

$$X = \frac{n \times \sum_{i=1}^{n} i \times EVI_i - \left(\sum_{i=1}^{n} i\right)\left(\sum_{i=1}^{n} EVI_i\right)}{n \times \sum_{i=1}^{n} i^2 - \left(\sum_{i=1}^{n} i\right)^2} \tag{2-13}$$

式中，X 为变化斜率；n 为时间年数；EVI_i 为第 i 年的生态脆弱性指数值。斜率为正，表明生态脆弱性指数呈增加趋势；斜率为负，表明生态脆弱性指数呈降低趋势。变化趋势的显著性检验采用 F 检验，统计量计算如下：

$$F = U \times \frac{n-2}{Q} \tag{2-14}$$

式中，$Q = \sum_{i=1}^{n}(y_i - \hat{y_i})^2$ 为误差平方和；$U = \sum_{i=1}^{n}(\hat{y_i} - \bar{y_i})^2$ 为回归平方和；y_i 为第 i 年的 EVI 实际值；$\bar{y_i}$ 为其回归值。根据生态脆弱性指数的变化趋势和显著性水平，将变化趋势分为 3 类：显著增加（$X > 0$，$P \leqslant 0.05$）、显著降低（$X < 0$，$P \leqslant 0.05$）和无显著变化（$P > 0.05$）。

四、三峡库区（重庆段）生态系统脆弱性评价

（一）三峡库区（重庆段）生态系统脆弱性评价结果

1. 生态脆弱性空间分布

基于 SPCA 模型的评价结果（图 2-5）表明：近 10 年的 EVI 标准化平均值为 4.23 ± 1.29，总体处于中度脆弱。极度脆弱主要集中在以渝中为中心的城市核心区；重度脆弱主要分布于主城区及其外围的涪陵、江津、长寿等以及万州等地；中度脆弱广泛分布于库区中部地带；轻度脆弱主要分布于东北部和东南部；微度脆弱集中分布于巫溪、巫山等部分地区。

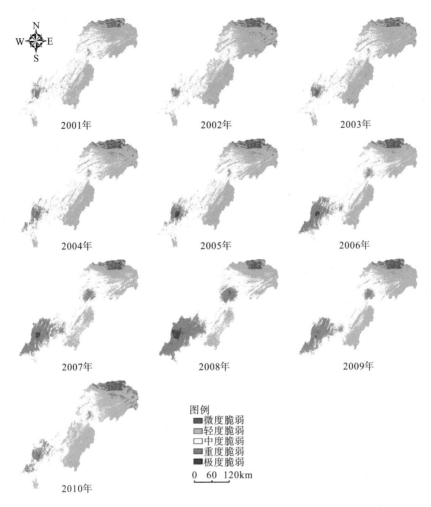

图 2-5 基于 SPCA 模型的三峡库区（重庆段）生态脆弱性空间分布

2. 脆弱性综合指数

图 2-6 表明，在研究时段内，最低值均出现在 2002 年，为 2.371，2008 年为最高值，为 2.986。从 2003 年开始，$EVSI$ 逐渐升高，在 2008 年到达峰值后有所降低。

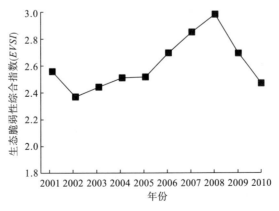

图 2-6 生态脆弱性综合指数年际变化

重庆各区县 *EVSI* 多年平均值及其排序（表 2-17）表明：*EVSI* 的高值区，即生态高度脆弱的区县主要包括主城 9 区（渝中、大渡口、江北、沙坪坝、九龙坡、南岸、北碚、渝北、巴南）以及江津、万州、涪陵、长寿等。

表 2-17　重庆各区县生态脆弱性综合指数多年平均值及其排序

区县	*EVSI*	排序
渝中	4.195	1
大渡口	3.724	6
江北	3.878	4
沙坪坝	3.929	2
九龙坡	3.900	3
南岸	3.760	5
北碚	3.525	8
渝北	3.572	7
巴南	3.152	10
涪陵	2.967	13
长寿	3.026	12
江津	3.212	9
万州	3.070	11
丰都	2.539	17
忠县	2.950	14
开县	2.606	16
云阳	2.643	15
奉节	2.123	20
巫山	2.006	21
巫溪	1.568	22
武隆	2.165	19
石柱	2.176	18

3. 生态脆弱性质心迁移

追踪研究时段内生态脆弱性质心的空间位置和迁移情况（图 2-7）发现，10 年间 SPCA 模型的生态脆弱性质心迁移变化规律性明显，随时间推移质心持续向西南方向迁移，2001～2010 年生态脆弱性质心从东北向西南迁移了 10.08km。

4. 生态脆弱性动态变化趋势

研究时段内，SPCA 模型的 *EVI* 变化趋势［图 2-8（A）］表明：占总面积 87.76% 的区域 *EVI* 变化斜率为正，即生态脆弱性呈增加趋势；12.24% 的区域 *EVI* 变化斜率为负，即生态脆弱性呈降低趋势。F 检验结果［图 2-8（B）］表明：生态脆弱性显著增加（$X>0$，$P\leqslant0.05$）的区域占总面积的 20.35%，主要集中在主城区、长寿、涪陵、江津、万州和开县等地；生态脆弱性显著降低（$X<0$，$P\leqslant0.05$）的区域占全区的 2.54%，主要分布于巫溪、巫山部分地区。

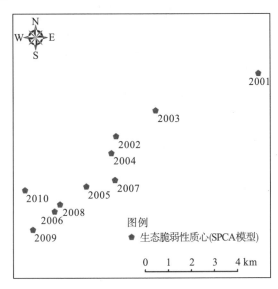

图 2-7　2001～2010 年生态脆弱性质心迁移情况

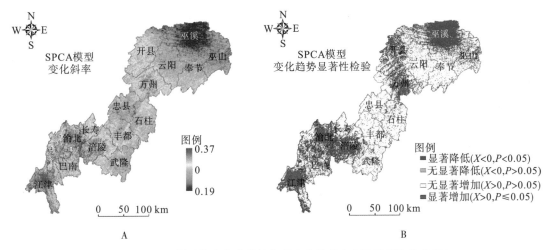

图 2-8　SPCA 模型的生态脆弱性指数变化趋势（A）及显著性检验（B）

（二）三峡库区（重庆段）生态系统脆弱性评价讨论

1. 生态脆弱性驱动力分析

通过空间主成分分析方法所提取的主成分是原始指标变量的综合表达，能够突出反映影响评价结果的主要指标（Abson et al.，2012）。尽管本研究中 2001～2010 年间不同年份的各个主成分对原始指标变量的解释能力不完全相同，但是在权重（贡献率）较大的前 3 个主成分存在普遍规律（表 2-18）：第 1 主成分中，城镇生活废水排放量和城镇生活垃圾排放量的贡献较大；第 2 主成分中，土壤侵蚀强度的贡献远大于其他指标；第 3 主成分中，植被覆盖度所占比重较大。同时其他指标因子对三峡库区生态脆弱性造成不同程度的影响，但是各指标存在年份差异，所以在主成分中的表达有所不同。例如 2006 年的年降水量距平、高温季节温度和人均水资源占有量指标在所提取的主成分中的贡献量相比其他年份均较高，这可能是 2006 年川渝地区遭遇百年一遇的特大旱灾，气温异常偏高，降水量显著偏少（高路等，2008；李梗等，2011），年降水量距平、高温季节温度和人均水资源占有量指标的变异程度增加，主成分对其解释性更强。从总体上来看，三峡库区生态脆弱性的形成和发展是一个动态过程，是人类活动与自然环境相互作用的结果，其中城市生活污染、水土流失、植被等因素为主要的驱动因子。下面对这些因子的时空差异及动态变化做进一步的分析讨论。

表 2-18　主成分载荷

指标	2001 年			2002 年			2003 年			2004 年			2005 年		
	PC_1	PC_2	PC_3	PC_1	PC_2	PC_3	PC_1	PC_2	PC_3	PC_1	PC_2	PC_3	PC_1	PC_2	PC_3
C_1	-0.14	-0.03	-0.04	-0.13	-0.04	-0.06	-0.11	-0.05	-0.12	-0.12	-0.03	-0.06	-0.11	-0.04	-0.09
C_2	-0.26	-0.05	-0.11	-0.24	-0.07	-0.14	-0.22	-0.07	-0.24	-0.23	-0.04	-0.15	-0.21	-0.05	-0.19
C_3	-0.10	0.97	-0.18	-0.13	0.95	-0.24	-0.11	0.94	-0.32	-0.09	0.97	-0.18	-0.08	0.95	-0.26
C_4	-0.07	-0.07	0.21	-0.06	-0.07	0.16	-0.05	-0.08	-0.06	-0.06	-0.07	0.17	-0.06	-0.08	0.07
$C5$	0.16	0.14	0.82	0.05	0.16	0.87	0.10	0.17	0.62	0.12	0.11	0.83	0.13	0.15	0.84
C_6	0.12	0.07	0.28	0.14	0.06	0.23	0.16	0.06	0.17	0.13	0.04	0.26	0.15	0.07	0.26
C_7	0.27	0.15	0.35	0.25	0.18	0.33	0.28	0.21	0.28	0.30	0.16	0.35	0.27	0.17	0.31
C_8	0.19	-0.01	-0.10	0.26	-0.09	-0.16	0.05	-0.06	-0.17	0.19	-0.03	-0.15	0.09	-0.06	-0.12
C_9	0.07	0.07	0.05	0.07	0.06	0.07	0.09	0.05	0.02	0.05	0.04	0.06	0.08	0.03	0.01
C_{10}	0.05	-0.02	-0.02	0.06	-0.02	-0.04	0.36	-0.12	-0.47	0.11	-0.04	-0.05	0.29	-0.12	-0.23
C_{11}	0.47	-0.01	-0.15	0.47	0.02	-0.11	0.45	0.02	-0.14	0.44	-0.01	-0.16	0.47	-0.01	-0.21
C_{12}	0.56	-0.01	-0.19	0.57	0.02	-0.15	0.50	0.02	-0.16	0.53	0.02	-0.19	0.51	-0.01	-0.24
C_{13}	0.30	-0.02	-0.18	0.29	-0.01	-0.16	0.17	0.08	0.24	0.25	0.02	-0.09	0.20	0.05	0.03
C_{14}	0.10	0.00	-0.06	0.07	0.02	-0.03	0.11	-0.03	-0.09	0.11	-0.02	-0.08	0.09	-0.03	-0.10
C_{15}	0.22	0.03	-0.13	0.21	0.08	-0.07	0.22	0.00	-0.03	0.27	-0.01	-0.15	0.22	-0.01	-0.10
C_{16}	0.11	-0.02	0.00	0.11	0.09	0.00	0.10	0.02	-0.11	0.11	0.02	0.00	0.11	-0.03	-0.05
C_{17}	0.29	0.05	-0.13	0.30	0.08	-0.09	0.28	0.05	0.07	0.34	0.05	-0.15	0.34	0.08	-0.03
C_{18}	-0.11	0.02	0.04	-0.12	0.02	0.05	-0.18	0.03	0.11	-0.12	0.02	0.06	-0.15	0.03	0.09

指标	2006 年			2007 年			2008 年			2009 年			2010 年		
	PC_1	PC_2	PC_3	PC_1	PC_2	PC_3	PC_1	PC_2	PC_3	PC_1	PC_2	PC_3	PC_1	PC_2	PC_3
C_1	-0.11	-0.03	-0.07	-0.11	-0.03	-0.06	-0.10	-0.04	-0.09	-0.10	-0.04	-0.14	-0.11	-0.03	-0.10
C_2	-0.21	-0.04	-0.17	-0.21	-0.05	-0.16	-0.19	-0.06	-0.22	-0.20	-0.05	-0.32	-0.20	-0.04	-0.23

指标	2006 年			2007 年			2008 年			2009 年			2010 年		
	PC₁	PC₂	PC₃	PC₁	PC₂	PC₃	PC₁	PC₂	PC₃	PC₁	PC₂	PC₃	PC₁	PC₂	PC₃
C_3	-0.07	0.97	-0.19	-0.08	0.97	-0.11	-0.08	0.96	-0.21	-0.08	0.97	-0.16	-0.07	0.98	-0.11
C_4	-0.06	-0.07	0.18	-0.06	-0.07	0.23	-0.05	-0.08	0.12	-0.05	-0.08	0.08	-0.06	-0.07	0.18
C_5	0.11	0.11	0.77	0.10	0.09	0.78	0.14	0.11	0.80	0.14	0.08	0.74	0.10	0.08	0.77
C_6	0.15	0.04	0.18	0.12	0.06	0.32	0.14	0.06	0.28	0.13	0.03	0.25	0.15	0.02	0.24
C_7	0.26	0.16	0.43	0.23	0.12	0.33	0.23	0.15	0.34	0.23	0.14	0.27	0.24	0.13	0.38
C_8	-0.26	0.08	0.23	-0.04	0.01	0.17	-0.20	0.03	0.17	-0.07	-0.01	0.22	0.00	0.03	0.02
C_9	0.05	0.05	0.06	0.06	0.04	0.08	0.07	0.04	0.03	0.05	0.05	-0.01	0.06	0.04	0.02
C_{10}	0.05	-0.03	-0.03	0.17	-0.06	3.07	0.27	-0.12	-0.18	0.17	-0.06	-0.10	0.11	-0.06	-0.01
C_{11}	0.45	-0.01	-0.08	0.53	-0.01	-0.08	0.53	0.00	-0.17	0.52	0.01	-0.28	0.50	0.02	-0.21
C_{12}	0.47	-0.02	-0.09	0.58	-0.01	-0.09	0.51	0.00	-0.16	0.50	0.01	-0.27	0.55	0.02	-0.23
C_{13}	0.33	-0.03	-0.15	0.17	0.06	-0.16	0.13	0.07	0.03	0.13	0.06	0.10	0.14	0.06	-0.02
C_{14}	0.06	0.01	-0.04	0.11	-0.03	-0.04	0.09	-0.04	-0.07	0.13	-0.04	-0.08	0.09	-0.04	-0.02
C_{15}	0.19	0.05	-0.07	0.21	-0.01	-0.12	0.13	0.00	0.02	0.17	0.00	0.05	0.16	-0.02	0.02
C_{16}	0.09	-0.02	0.02	0.10	-0.03	0.06	0.10	-0.03	-0.03	0.10	-0.02	-0.03	0.10	-0.03	0.01
C_{17}	0.40	0.06	-0.20	0.32	0.07	-0.22	0.35	0.09	-0.10	0.36	0.07	0.14	0.33	0.05	-0.01
C_{18}	-0.10	0.02	0.04	-0.19	0.04	0.03	-0.23	0.05	0.11	-0.31	0.05	0.15	-0.34	0.07	0.08

（1）城市生活污染

2001～2010 年，三峡库区重庆段城镇生活污水和垃圾排放量始终居高不下，并且随时间持续增加（图 2-9）。2001 年城镇生活污水和垃圾排放量分别为3.26 亿 t、181.22 万 t，2010 年两者分别比 2001 年增加 76.69%、54.73%，达到 5.76 亿 t、280.40 万 t。从城市污染排放的地域分布情况来看（图 2-10），三峡库区重庆段内城镇生活污水和垃圾排放量有两个高值区，一个是库区西部的主城区及其周边的江津、涪陵、长寿等，另一个是库区中部的万州。与之前的生态脆弱性评价结果进行对比发现，城市污染排放量大的区域与高脆弱等级的分布范围具有高度的重叠性。

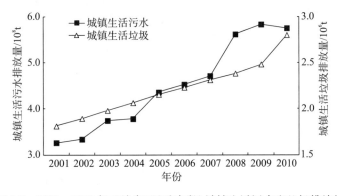

图 2-9　2001～2010 年三峡库区（重庆段）城镇生活污水和垃圾排放量

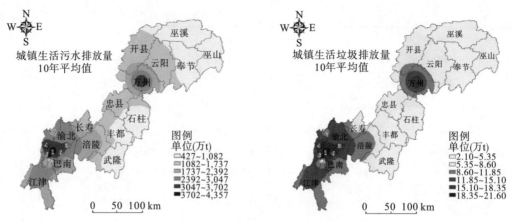

图 2-10   三峡库区(重庆段)城镇生活污水和生活垃圾排放空间分布

造成三峡库区城镇生活污水和垃圾排放量不断增加的主要原因是城镇化的快速推进。重庆市直辖以来,社会经济高速发展,加之三峡工程的建设和移民的迁建安置对库区产业结构调整的促进,加快了农村人口向城镇集聚的速度,推动了库区城镇化的发展。城镇人口的增加直接导致城市生活污染排放量的增加,但是库区相应的处理污水和垃圾能力已经趋于饱和,城市生活污染排放量的持续增加对库区生态与环境造成巨大压力,生态脆弱程度也随之增加。

(2)水土流失

三峡库区重庆段土壤侵蚀的空间分异特征明显(图 2-11),库区西部丘陵低山区土壤侵蚀强度较低,面积较小,而库区东北部的开县、云阳、奉节、巫溪、巫山等地区是研究区内水土流失最为严重的区域,土壤侵蚀强度大、面积大。

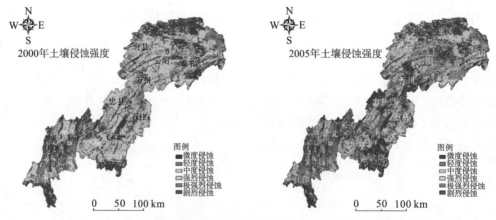

图 2-11   2000 年和 2005 年三峡库区(重庆段)不同土壤侵蚀强度类型空间分布

由图 2-12 可以看出,研究区的微度侵蚀和轻度侵蚀呈增加趋势,面积比例分别由 2000 年的 34.50% 和 12.76% 增加至 2005 年的 40.73% 和 20.10%,而与之相反的是中度侵蚀、强烈侵蚀的面积比例均呈现不同程度的降低。土壤侵蚀转移概率矩阵(表 2-19)表明:75.51% 的微度侵蚀没有发生转移;轻度侵蚀的 63.20% 保持不变,有 22.35% 转为微度侵蚀,是其主要转移去向;中度侵蚀的 48.03% 没有转为其他类型,但有 25.66% 转为微度侵蚀,18.95% 转为轻度侵蚀;强烈侵蚀主要转为中度侵蚀、微度侵蚀、轻度侵蚀，分别占强烈侵蚀的 18.02%、15.07%、12.72%；极强烈侵蚀的 16.13% 转为微度侵蚀，14.56% 转为强烈侵蚀，12.99% 转为中度侵蚀；剧烈侵蚀主要转移去向是强烈侵蚀和微度侵蚀，分别有 29.01% 和 21.61%。

研究时段内土壤侵蚀强度总体的变化趋势表现为高强度类型向低强度类型转变，说明目前三峡库区重庆段水土流失呈现转好的趋势（李月臣等，2008）。

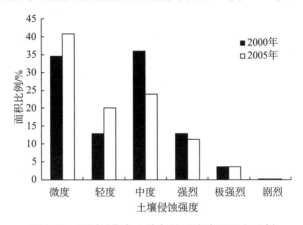

图 2-12　不同时期各土壤侵蚀强度类型面积比例

表 2-19　土壤侵蚀强度类型转移概率矩阵（%）

	微度侵蚀	轻度侵蚀	中度侵蚀	强烈侵蚀	极强烈侵蚀	剧烈侵蚀
微度侵蚀	75.51	9.36	8.30	4.13	2.54	0.15
轻度侵蚀	22.35	63.20	7.97	4.09	2.12	0.27
中度侵蚀	25.66	18.95	48.03	5.39	1.79	0.18
强烈侵蚀	15.07	12.72	18.02	52.71	1.35	0.13
极强烈侵蚀	16.13	8.99	12.99	14.56	47.22	0.11
剧烈侵蚀	21.61	9.29	8.88	29.01	0.72	30.50

有研究表明人口压力和农业发展是三峡库区重庆段水土流失的主要驱动力。三峡库区农业生产水平较为落后的地区，迫于人口增加尤其是农业人口增加的压力，主要依靠增加耕地面积来解决生计问题。在三峡库区复杂的地质地貌本底条件下，不断的开垦耕地和不合理的耕作行为势必会导致水土流失的加剧（李月臣和刘春霞，2010）。另外三峡水库蓄水后，库岸土地周期性淹没以及移民就地后靠的迁建垦荒等也会造成新的水土流失。三峡库区重庆段东北部自然环境条件决定了其存在高强度的水土流失，同时该区是三峡库区内发展相对滞后的地区，以传统农业为主，并且受水库蓄水影响显著，因此三峡库区重庆段东北部地区的生态脆弱性受水土流失因素影响严重。但是随着水土保持等措施的实施，水土流失总体情况好转，在一定程度上缓解了区域生态脆弱性。

（3）植被因素

2001～2010 年，三峡库区重庆段平均植被覆盖度在 66%～72% 波动，植被总体处于较高的覆盖度水平，并且还具有增加的趋势（图 2-13）（吴昌广等，2012），这对于降低生态脆弱性具有积极作用。从植被覆盖的空间分布格局来看（图 2-14），植被状况较好的区域主要分布于研究区东北部的巫山、巫溪、奉节和东南部的武隆、石柱、丰都，特别是在大巴山、巫山、四面山、精华山、七曜山、方斗山等中高山区，植被覆盖度较高。而位于西部川东平行岭谷区的主城区、涪陵、长寿、江津等，以及长江干流及其支流谷地的植被稀疏，植被覆盖度相对较低。10年间，三峡库区重庆段植被覆盖度呈增加趋势的区域占总面积的65.75%，主要集中于开县、云阳、奉节、巫山、忠县等；而植被覆盖度呈降低趋势的区域占总面积的34.25%，主要集中于主城区、涪陵、长寿等。

相关研究表明：研究时段内三峡库区植被覆盖的变化主要是受人类活动的影响（李建国等，2012）。一方面在库区西部主城区、涪陵、长寿等人口密集、经济发达的区域，由于毁林开荒、滥采滥伐、城市建设、矿产开采等人为破坏，原有植被覆盖受损严重，植被覆盖度随之降低；另一方面在库区东北部，由于人类有意识的实施封山育林、植树造林、退耕还林等生态建设和恢复工程，尤其是在重点保护建设的库区生态屏障带等在人为干预下植被质量有所提高，植被覆盖度增加。从植被因素来说，三峡库区重庆段内，植被状况较差的主城区、涪陵、长寿等地区，相应的其生态脆弱性也较高。

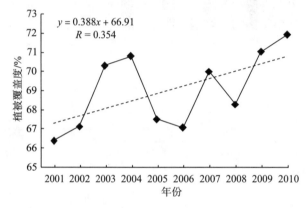

图2-13   2001～2010年三峡库区（重庆段）植被覆盖度年际变化曲线

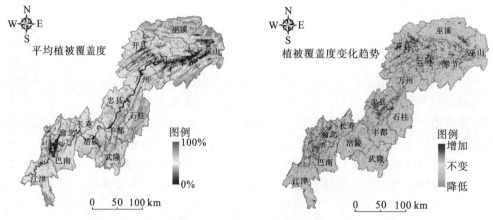

图2-14   2001～2010年三峡库区（重庆段）植被覆盖度空间分布及其变化趋势

2. 生态脆弱性时空分布特征

研究表明：2001～2010年，三峡库区重庆段生态脆弱性总体处于中度脆弱，其空间分布格局呈西高东低的特征。高度脆弱类型（极度脆弱和重度脆弱）主要集中于中西部的主城区、万州、涪陵、长寿、江津等库区传统发达城市区，这部分区域城镇发展水平高，人口密集，人类经济活动带来的污染负荷极大。库区80%以上的生活污水和垃圾排放量来源于重庆主城区、万州、涪陵、长寿、江津等地，库区主要的工业产业也集中分布于此，而且以上地区建设用地面积大，绿地面积严重不足，是库区生态与环境破坏最为剧烈的区域。低度脆弱类型（微度脆弱和轻度脆弱）主要分布于东北部的巫溪、巫山和东南部的武隆、石柱等，这部分地区虽然在地表起伏度、坡度、土壤侵蚀强度等指标处于劣势，但是正因其地理条件的限制，该区人口密度小，人为干扰强度较低，植被状况良好，水资源丰富，一定程度上减缓了其生态脆弱性。

从时间维度来看，以2003年三峡大坝下闸蓄水为分水岭，蓄水前后三峡库区重庆段生态脆弱性变化差异明显。蓄水前2002年的生态脆弱性综合指数（EVSI）为10年间的最低值，生态脆弱性相对处于较低水平，此阶段自然环境没有出现重大变化，库区城镇化水平不高，经济处于调整期，很多工业行业开工不足，污染排放量相对较少，并且2002年实施的清库工作使之前产生的污染在一定程度上得到了缓解，生态系统结构功能没有受到较大的外界干扰。蓄水后生态脆弱性综合指数（EVSI）逐年递增，2008年生态脆弱性综合指数（EVSI）达到研究时段内最高值。结构型和胁迫型脆弱因子随水库的形成而发生明显变化，一系列连锁的生态和社会效应导致生态脆弱性的加剧。2003~2008年是三峡库区重庆段社会经济高速发展的时期，但是库区粗放的发展模式大多是以牺牲自然环境为代价。2008年末，三峡库区总人口2068.02万人，为近10年来人口数量的峰值，城镇规模无序扩张，污染排放量持续增加，环境破坏尤为严重。三峡水库水位周期性变化，在库岸形成垂直落差达30m的水库消落带，库岸植被和土壤结构遭到破坏，水库蓄水淹没大量库岸土地，耕地面积持续减少，移民安置迁建，人工建设用地规模不断增长，加剧了土地利用/覆被类型变化，加剧水土流失（江晓波等，2004）。生态系统受到外界干扰的强度不断升级，自身协调能力下降，表现出极强的脆弱性。2009~2010年，生态脆弱性综合指数（EVSI）略微有所下降，政府主导的生态建设和恢复措施对生态脆弱性的减弱发挥了关键作用。在消落带等重点区域实施的生态治理项目、长期坚持的长江中上游防护林体系建设项目、退耕还林（草）等生态工程已初现成效，自然植被生长环境得到改善，大于25°坡耕地持续减少，土地垦殖强度降低，缓解了库区水土流失压力，农业面源污染强度也随之降低。在工业污染控制方面同样取得一定效果，重庆段工业废水排放量从2008年的5.36亿吨大幅减小至2010年的2.83亿吨。另外，环境库兹尼茨曲线表明环境压力与经济增长呈"倒U型"曲线关系（Eakin and Luers，2006）。随着库区经济水平的提高，2010年三峡库区人均GDP已达到20 393元，已经进入环境库兹尼茨曲线的拐点区，人类愈发意识到环境保护的重要性，开始加大对生态建设和保护的投入，库区生态脆弱性随着生态系统的恢复改善而逐渐减弱。

（三）三峡库区（重庆段）生态系统脆弱性结论

本研究以三峡库区重庆段为研究区，建立起三峡库区重庆段生态脆弱性评价指标体系。借助RS与GIS手段，采用空间主成分分析（SPCA）模型对2000~2010年三峡库区重庆段生态脆弱性进行综合评价，系统分析三峡库区重庆段生态脆弱性时空分布特征，探讨该区生态脆弱性的演变机制以及驱动因子。所得主要结论如下：

三峡库区生态脆弱性的形成和发展是一个动态过程，是人类活动与自然环境相互作用的结果，本研究通过分析空间主成分分析（SPCA）所提取的权重（贡献率）较大的前3个主成分，发现城市生活污染（城镇生活污水和垃圾排放量）、水土流失（土壤侵蚀强度）、植被状况（植被覆盖度）等是研究区生态脆弱性的主要驱动因子。

2001～2010 年，三峡库区重庆段生态脆弱性整体处于中度脆弱。生态脆弱性的空间分布呈现西高东低的格局特征，高度脆弱类型（极度脆弱和重度脆弱）主要集中于中西部的主城区、万州、涪陵、长寿、江津等库区传统发达城市区，低度脆弱类型（微度脆弱和轻度脆弱）主要位于东北部和东南部自然环境良好、人为干扰较少的中高山区。时间上以三峡水库蓄水为分水岭，蓄水前 2002 年的生态脆弱性为研究时段内最低水平，2003 年蓄水后生态脆弱性逐渐增加，至 2008 年达到 10 年间的最高水平。

研究时段内，三峡库区重庆段生态脆弱性质心由东北方向持续向西南方向迁移。研究区生态脆弱性呈现明显的两极化趋势，即高度脆弱的西南部和中部地区生态脆弱性显著增强，低度脆弱的东北部区域生态脆弱性明显减弱。

第四节　三峡库区（重庆段）生态系统服务价值时空变化

三峡库区（重庆段）地表系统长期以来承受着人类活动造成的巨大压力，特别是重庆市直辖以后，工业化、城镇化的快速推进，三峡工程的成库蓄水和移民安置导致库区用地类型、格局和生态过程发生明显改变，进而影响区域生态系统服务功能。由于三峡库区特殊的地理位置和形成原因，开展生态系统服务的研究对于进一步认识三峡库区生态系统的健康发展状况、协调库区人地关系、促进当地可持续发展具有重要意义。本节以三峡库区生态系统服务研究的典型区域三峡库区（重庆段）为研究对象，定量评估库区 1986～2010 年生态系统服务价值的时空动态变化，分析生态系统服务价值区域内差异及其与社会经济影响因素之间的关系，旨在把握库区生态系统服务价值的动态变化特征，从而为三峡库区未来生态建设的规划、维持和提升区域生态系统服务功能提供科学依据。

一、三峡库区（重庆段）生态系统服务价值评价方法

（一）数据源和预处理

研究主要数据来源于重庆市 1986、1995、2000 和 2010 年土地利用矢量专题图，比例尺为 1：100 000。利用 ArcGIS10.0 建立研究区土地利用数据库，参照国家通用的土地分类系统及实际情况，将土地利用分为 6 种类型：①耕地；②林地；③草地；④水体；⑤建设用地；⑥未利用地。以此作为三峡库区（重庆段）25 年来生态系统服务价值研究的基础。另有研究时段内重庆市统计年鉴收录的相关统计数据。

（二）生态系统服务价值评价方法

考虑到研究区的实际情况和当前的研究进展，采用谢高地等 2007 年最新修订的中国生态系统单位面积生态服务价值当量因子表，并结合三峡库区（重庆段）实际进行修正（谢高地等，2008）。谢高地等（2003）指出 1 个生态服务价值当量因子的经济价值量等于平均粮食单产市场价值的 1/7，根据重庆市统计年鉴，以重庆市 1986～2010 年平均粮食单位面积产量 4149kg/hm² 为基准粮食单产，为了消除各时期价格变动的影响，便于各时

期的对比研究,以重庆市 2010 年粮食平均收购价格 2.06 元/kg 为基准不变价格,从而得到三峡库区(重庆段)1 个生态服务价值当量因子的经济价值量为 1222.06 元,计算出三峡库区(重庆段)不同生态系统单位面积的生态服务价值(表 2-20)。借鉴相关研究成果,将土地利用类型与最接近的生态系统类型联系起来,耕地、林地、草地、水体和未利用地分别对应农田、森林、草地、水域和荒漠,建设用地生态服务价值为 0 元(Heal,2000;顾芎等,2009;蒋晶和田光进,2010;程琳等,2011;潘影等,2011;吴海珍等,2011;许倍慎等,2011;刘金勇等,2013;许诺等,2013)。

表 2-20　三峡库区(重庆段)不同土地利用类型单位面积生态服务价值 （元/hm²）

	林地	草地	耕地	水体	未利用地
气体调节	5279.30	1833.09	879.88	623.25	73.32
气候调节	4973.78	1906.41	1185.40	2517.44	158.87
水源涵养	4998.23	1857.53	940.99	22 938.07	85.54
土壤形成与保护	4912.68	2737.41	1796.43	501.04	207.75
废物处理	2101.94	1613.12	1698.66	18 147.59	317.74
生物多样性保护	5511.49	2285.25	1246.50	4191.67	488.82
食物生产	403.28	525.49	1222.06	647.69	24.44
原材料	3641.74	439.94	439.94	427.72	48.88
娱乐文化	2541.88	1063.19	207.75	5425.95	293.29
总计	34 364.33	14 261.44	9617.61	55 420.42	1698.66

生态系统服务价值(ecosystem service value,ESV)的计算模型(Costanza et al.,1997):

$$ESV = \sum_{i=1}^{n} A_i \times VC_i \tag{2-15}$$

式中,ESV 为研究区生态系统服务总价值(元);A_i 为研究区内土地利用类型 i 的分布面积(hm²);VC_i 为土地利用类型 i 的生态系统服务价值系数,即单位面积上土地利用类型 i 的生态系统服务价值(元/hm²)。

为了利于研究生态系统服务价值的空间变化,本研究利用 ArcGIS10.0 生成 5km ×5km 正方形格网单元,将格网分别与各时期的土地利用图进行叠加,计算各个单元内的生态系统服务价值。

(三)重心模型

引入重心模型对研究区域生态系统服务价值动态变化进行分析。重心迁移反映生态系统服务价值在空间上的变化轨迹,如果生态系统服务价值各方向均衡发展,则其重心基本不变;若在某一方向上增减比较明显,则其重心发生明显偏移(朱会义和李秀彬等,2003;彭月等,2011,2012)。

$$X_i = \frac{\sum_{i=1}^{n}(C_n \times X_i)}{\sum_{i=1}^{n} C_{ti}}, Y_i = \frac{\sum_{i=1}^{n}(C_n \times Y_i)}{\sum_{i=1}^{n} C_{ti}} \tag{2-16}$$

式中，X_t、Y_t表示第t年生态系统服务价值重心的地理坐标，C_{ti}表示第t年第i个网格的生态系统服务价值，X_i、Y_i表示第i个网格的地理坐标。

（四）空间自相关

空间自相关分析是指空间变量的取值与相邻空间单元上该变量取值的相似性程度分析。空间自相关性分为全局和局部两种度量指标，全局空间自相关是用来分析在整个研究范围内指定的属性是否具有自相关性；局部空间自相关是用来分析在特定的局部地点指定的属性是否具有自相关性（胡和兵等，2013；赵亮等，2013）。表示空间自相关的指标和方法很多，其中最常用的是Moran's I指数。Moran's I值介于$-1\sim1$，大于0为正相关，小于0为负相关，值越大表示空间分布的相关性越大，即在空间上有聚集分布的现象，反之，值越小表示空间分布相关性小，当值趋于0时，即代表空间完全的随机分布。本研究使用ArcGIS10.0软件，分别分析三峡库区（重庆段）1986年、1995年、2000年和2010年4个时期生态系统服务价值的全局空间自相关和局部空间自相关，并进行检验。

（五）敏感性指数

为了验证生态系统类型对各种土地利用类型的代表性和价值的准确性，也为了检验所选用的生态系统服务价值系数是否适合本研究区，本研究借助经济学意义上的弹性理论，用敏感性指数（coefficient of sensitivity，CS）来确定生态系统服务价值（ESV）随时间的变化情况对价值系数（value coefficient，VC）的依赖程度。CS的含义是指VC变动1%引起ESV的变化情况，如果$CS>1$，说明ESV对VC是富有弹性的，如果$CS<1$，说明ESV对VC是缺乏弹性的。CS值越大，表明VC的准确性越关键（Kreuter et al.，2001；周德成等，2010；李正等，2012）。本研究拟将各土地利用类型的VC分别上下调整50%来衡量ESV的变化情况。敏感性指数（CS）计算公式如下：

$$CS = \frac{(ESV_j - ESV_i)/ESV_i}{(VC_{jk} - VC_{ik})/VC_{ik}} \tag{2-17}$$

式中，CS为敏感性指数，ESV为生态系统服务价值，VC为价值系数，i、j分别为调整前和调整后，k为土地利用类型。

（六）生态系统服务价值与社会经济因素相关性分析

三峡库区（重庆段）是一个人类活动剧烈的区域，以生态学眼光来考量，短时间尺度内，环境要素的改变多以人类活动为主，人类活动对生态系统的作用最直接体现就是土地利用的变化。但是由于生态系统服务价值的评估其根本是基于土地利用类型面积及其价值系数，土地利用的变化能从表观上反映生态系统服务价值的变化，实质上无法揭示生态系统服务价值变化的内在驱动因子（蔡邦成等，2006；姚成胜等，2009；李月臣等，2010；李惠梅等，2012）。以2010年为例，选取人口密度、GDP、城镇化率指标分别代表人口、经济和社会发展状况，农林渔牧业GDP指标反映生态产业发展状况，利用SPSS19.0软件分析三峡库区（重庆段）生态系统服务价值与上述4个指标的相关性，进一步从定量的角度看待生态系统服务价值与社会经济发展等影响因素之间的关系。以上社会经济指标数据均来源于2011年重庆市统计年鉴。

二、三峡库区（重庆段）生态系统服务价值评价

（一）生态系统服务价值时间动态变化

1986、1995、2000 和 2010 年三峡库区（重庆段）生态系统服务价值分别为 9.53×10^{10} 元、9.48×10^{10} 元、9.43×10^{10} 元和 9.68×10^{10} 元（表 2-21）。从生态系统服务价值的构成来看，林地的生态服务价值占总价值的 60% 以上，表明林地对生态系统服务价值的贡献占据绝对优势，是研究区生态系统服务总价值的主体部分。

表 2-21　不同时期三峡库区（重庆段）生态系统服务价值（元）

土地利用类型	1986 年		1995 年		2000 年		2010 年		ESV 变化		
	ESV	比例/%	ESV	比例/%	ESV	比例/%	ESV	比例/%	1986~1995 年	1995~2000 年	2000~2010 年
耕地	1.97×10^{10}	20.6446	1.97×10^{10}	20.7291	1.99×10^{10}	21.0700	1.96×10^{10}	20.2715	-1.64×10^7	2.09×10^8	-2.47×10^8
林地	6.25×10^{10}	65.5788	6.17×10^{10}	65.1068	6.12×10^{10}	64.9437	6.44×10^{10}	66.5227	-7.54×10^8	-5.08×10^8	3.15×10^9
草地	9.34×10^9	9.7958	9.65×10^9	10.1771	9.38×10^9	9.9448	7.53×10^9	7.7756	3.16×10^8	-2.74×10^8	-1.85×10^9
水体	3.79×10^9	3.9791	3.78×10^9	3.9851	3.81×10^9	4.0397	5.26×10^9	5.4299	-1.30×10^7	2.98×10^7	1.45×10^9
未利用地	1.68×10^6	0.0018	1.74×10^6	0.0018	1.68×10^6	0.0018	3.93×10^5	0.0004	5.98×10^4	-5.98×10^4	-1.29×10^6
总计	9.53×10^{10}	100.0000	9.48×10^{10}	100.0000	9.43×10^{10}	100.0000	9.68×10^{10}	100.0000	-4.68×10^8	-5.44×10^8	2.50×10^9

从不同时段来看，研究区生态系统服务价值呈现先降低后增加的"V"字形趋势，这说明三峡库区（重庆段）土地利用对生态系统的影响可能从不利的状态逐渐变为有利状态。1986~1995 年，生态系统服务总价值减少 4.68×10^8 元，林地生态服务价值的减少是导致该时段生态系统服务总价值降低的最主要原因，其次是耕地和水体生态服务价值的减少，与此同时，草地和未利用地的生态服务价值增加从一定程度上补偿了总生态系统服务价值的部分损失。1995~2000 年，生态系统服务总价值减少 5.44×10^8 元，引起该时段生态系统服务价值损失的主要因素同样是林地生态服务价值的减少，其次是草地和未利用地生态服务价值的减少，耕地和水体的生态服务价值增加抵消了生态系统服务总价值的部分损失。2000~2010 年，生态系统服务总价值增加 2.50×10^9 元，虽然草地、耕地和未利用地生态服务价值的减少带来部分损失，但是林地和水体的生态服务价值大幅度增加，不仅补偿了生态系统服务总价值的损失，而且使其总量得以增加。综合来看，整个研究时段内林地生态服务价值的变化量占总价值变化量的比重最大，说明林地的生态系统服务价值的变化在很大程度上决定了研究区生态系统服务总价值的变化。

（二）生态系统服务价值空间动态变化

1. 生态系统服务价值空间分布特征

根据计算出来的生态系统服务价值的数值序列特征，按照标准差分级法划分为：Ⅰ级（$<0.18 \times 10^8$ 元），Ⅱ级（$0.18 \times 10^8 \sim 0.37 \times 10^8$ 元），Ⅲ级（$0.37 \times 10^8 \sim 0.56 \times 10^8$ 元），Ⅳ级（$0.56 \times 10^8 \sim 0.75 \times 10^8$ 元），Ⅴ级（$>0.75 \times 10^8$ 元）5 个等级，划分等级可以更加清晰地反映生态系统服务价值的空间分布情况。图 2-15 显示，1986~2010 年，三峡库区（重庆段）生态系统服务价值的地域分布大致以巫溪至江津一线为界，该界东南部价

值高，西北部价值低。极低值区位于市区中心地带，低值区主要集中于主城区、长寿、万州、开县等地以及长江沿岸部分地区，中值区是研究区内分布面积最广的类型，其广泛存在于库区各个区县，高值区主要分布于江津、武隆、丰都、石柱、奉节、巫山、巫溪等区县，极高值区集中于江津南缘的四面山、武隆－丰都－石柱等地南部的七曜山、方斗山和奉节－巫山－巫溪等地东部的大巴山、巫山等地。

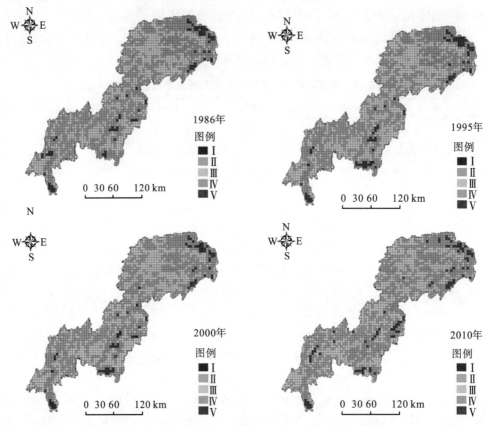

图2-15　不同时期三峡库区（重庆段）生态系统服务价值空间分布

2. 生态系统服务价值重心转移

追踪各时期生态系统服务价值重心的空间位置和迁移情况（表2-22），1986～1995年价值重心向东北方向移动1656.47m，1995～2000年价值重心向西南方向偏移372.77m，2000～2010年价值重心向西南方向迁移了1100.88m。从整个研究时段来看，三峡库区（重庆段）生态系统服务价值重心最初向东北方向发展，此后持续向南迁移，25年间重心总体向东南方向迁移473.63m。

表2-22　1986～2010年研究区生态系统服务价值重心迁移情况

年份	重心位置		时段	迁移距离/m	迁移方向
1986	E 108°11′52.03″	N 30°23′57.09″	1986～1995	1656.47	东北
1995	E 108°12′42.09″	N 30°24′29.04″	1995～2000	372.77	西南
2000	E 108°12′37.07″	N 30°24′18.03″	2000～2010	1100.88	西南
2010	E 108°12′09.01″	N 30°23′52.05″	1986～2010	473.63	东南

3. 生态系统服务价值空间自相关

1986~2010 年三峡库区(重庆段)生态系统服务价值的全局空间自相关指数 Moran's I 值均为正值(表2-23)，Z 检验结果呈极显著，表明研究区生态系统服务价值的空间分布存在正的空间自相关关系，即生态系统服务价值的空间分布不是随机分布，而是表现出相似值之间的空间集聚。其中 1986~2000 年间，Moran's I 值逐渐增加，2000 年 Moran's I 值最高，生态系统服务价值空间集聚趋势明显，但是 2010 年 Moran's I 有所下降，生态系统服务价值空间集聚性略有减弱。

表 2-23　不同时期生态系统服务价值全局空间自相关指数

年份	Moran's I 指数	Z 得分	P 值
1986	0.4856	29.7657	0.0000
1995	0.4938	30.2715	0.0000
2000	0.4980	30.5295	0.0000
2010	0.4735	29.0240	0.0000

全局空间自相关能够判断出现象在空间上的整体分布情况，但难以探测出集聚的位置所在及区域相关程度，局部空间自相关分析可以研究局部区域内的空间自相关的局部空间变异及特定单元与邻接单元的空间联系方式。通过局部空间自相关分析，发现 1986 ~2010 年生态系统服务价值的空间自相关分布格局并未发生剧烈改变，仍保持着较稳定的空间分布格局。图2-16 中红色区域为高－高自相关，即表示区域及其周围区域的生态系统服务价值都较高，空间自相关呈显著正相关($P<0.05$)，在巫溪、巫山、奉节、忠县、武隆、丰都、石柱和江津等地有连片分布。蓝色区域为低－低自相关，即低生态系统服务价值区被低生态系统服务价值区包围，同样呈显著正相关($P<0.05$)，其主要分布于主城区及其周边长寿、江津西部、丰都北部等地。以上两种情况说明生态系服务价值呈聚集分布，具有较好的空间均质性。高－低和低－高自相关类型则表示高值由低值围绕或低值由高值围绕，其生态系统服务价值空间分布存在显著负相关($P<0.05$)，表现出较强的破碎性，空间异质性明显，但是上述两种类型数量极少仅存在于研究区边缘。

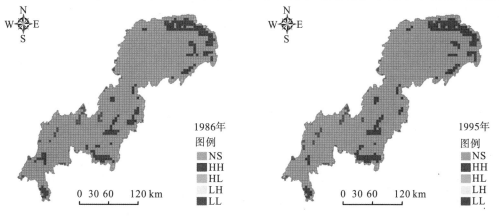

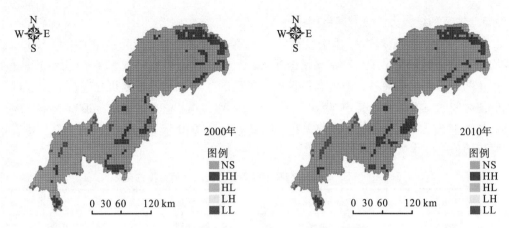

NS：不显著；HH：高－高自相关；HL：高－低自相关；LH：低－高自相关；LL：低－低自相关

图 2-16　不同时期生态系统服务价值局部空间自相关格局

（三）敏感性分析

敏感性分析结果表明（表 2-24），在 VC 上下调整 50% 的情况下，CS 都小于 1，这说明 ESV 对 VC 缺乏弹性。即使 VC 具有不确定性，但是 ESV 的估算仍是稳健的，研究结果是可信的。其中未利用地的 CS 值趋近于 0，水体和草地的 CS 值较小，耕地的 CS 值稍高，林地的 CS 值最高为 0.665227，表示当林地的 VC 增加 1% 时，对应的 ESV 增加 0.665227%，林地生态服务价值的变化对研究区的 ESV 影响程度最高，与之前结果相一致。

表 2-24　三峡库区（重庆段）生态服务价值敏感性指数

土地利用类型	年份			
	1986	1995	2000	2010
耕地	0.206446	0.207291	0.210700	0.202715
林地	0.655788	0.651068	0.649437	0.665227
草地	0.097958	0.101771	0.099448	0.077756
水体	0.039791	0.039851	0.040397	0.054299
未利用地	0.000018	0.000018	0.000018	0.000004

（四）社会经济影响因素分析

生态系统服务价值与 4 个社会经济指标（表 2-25）分别建立的线性回归方程（表 2-26）表明：生态系统服务价值与 GDP、人口密度、城镇化率的回归系数分别为 －0.526，－0.421，－0.833，P 值均小于 0.01，具有极显著的负相关性，而生态系统服务价值与农林牧渔 GDP 的回归系数为 0.45，在 0.01 水平上呈极显著线性正相关关系。其中生态系统服务价值与城镇化率的线性回归方程 $R^2 = 0.572$，线性相关性最佳。

表 2-25 2010 年三峡库区(重庆段)社会经济影响因素

行政区	ESV/万元	人口密度/(人/km²)	GDP/万元	城镇化率/%	农林牧渔业 GDP/万元
渝中	18 674	28 772	5 530 269	100.0	0
大渡口	48 219	3 189	1 772 136	93.2	21 050
江北	115 984	3 456	3 913 947	91.1	39 360
沙坪坝	122 956	2 608	4 195 406	90.1	66 521
九龙坡	189 023	2 448	5 895 846	86.6	104 395
南岸	116 846	2 725	3 512 280	90.0	54 525
北碚	242 597	901	2 323 726	73.8	137 970
渝北	386 794	927	5 736 350	73.3	271 523
巴南	458 134	502	3 087 180	72.9	403 426
涪陵	931 396	393	4 344 866	55.8	449 808
长寿	408 068	637	2 286 417	53.0	318 954
江津	964 921	385	3 029 969	55.7	666 908
万州	954 338	452	5 001 318	55.0	495 084
丰都	964 610	224	771 182	34.5	240 733
忠县	643 590	344	1 094 111	32.9	315 405
开县	1 030 830	293	1 492 810	35.9	457 590
云阳	1 158 202	251	857 637	32.2	345 304
奉节	1 419 563	204	1 029 661	32.3	323 774
巫山	1 076 318	167	503 060	30.0	178 438
巫溪	1 400 386	103	375 962	25.4	136 100
武隆	936 428	121	724 155	33.0	169 746
石柱	1 011 659	138	648 118	32.3	204 715

表 2-26 生态系统服务价值与社会经济指标的线性回归分析

线性回归方程	$R^2(n=80)$	P
$y = 7.084 - 0.526x_1$	0.239	0.000
$y = 3.649 + 0.45x_2$	0.163	0.000
$y = 5.749 - 0.421x_3$	0.084	0.000
$y = 7.507 - 0.833x_4$	0.572	0.009

注:y,生态系统服务价值;x_1,GDP;x_2,农林牧渔 GDP;x_3,人口密度;x_4,城镇化率。

(五) 三峡库区(重庆段)生态系统服务价值评价结论

本研究在参照经典研究成果的同时,结合三峡库区(重庆段)实际情况,修正了研究区各类土地利用类型单位面积生态服务价值系数。经过敏感性分析表明,所得到的生态服务价值系数是合理的,基于此计算的生态系统服务价值结果客观可信。利用 GIS 技术科学分析了研究区域 1986~2010 年间生态系统服务价值,能较好地反映中长时间范围内三峡库区(重庆段)生态系统服务价值的时空差异以及动态变化规律。

三峡库区(重庆段)生态系统服务价值在20世纪80年代至21世纪初呈现持续下降的态势,进入21世纪之后,呈现增加趋势。近25年来三峡库区(重庆段)生态系统服务价值具有明显的空间分异格局,大致以巫溪至江津一线为界,东南高、西北低。库区东部和中南部地区地势起伏,水系发达,人口稀疏,交通闭塞,城镇发展水平较低,耕地和建设用地等人工生态系统较少,大部分生态系统保持自然状态,特别在大巴山、巫山、七曜山、方斗山和四面山等中高山区,少有人为干扰,天然形成的森林或者草地生态系统占主导地位。库区西部的山间盆地、平坝等和低丘陵区多属经营相对集约的农耕区域,生态系统受人类垦殖行为干扰严重,主城区及其周边地区是西南地区重要的工商业中心,人口稠密,建成区面积大,大量人工设施取代生态系统自然组分,严重阻碍生态系统物质循环、能量流动和信息传递等生态过程,生态系统直接或间接的生态服务功能大幅度降低甚至丧失。

对三峡库区(重庆段)ESV的重心变化进行分析后,发现研究时段内ESV重心呈现由西北向东南方向发展的趋势。研究区东部和南部是三峡库区生态修复重点区域,长江干流生态林工程、天然林资源保护工程和退耕还林还草等生态工程,一定程度上约束了人为负面干扰活动,森林覆盖度增加明显,生态系统向有利方向发展(曹银贵等,2008);另一方面,2003年三峡水库蓄水之后,具有高生态服务价值的水体面积大幅增加,有利于生态系统服务总价值的提高。而在西北方向上的主城区及其周边是研究区目前城市活动最为剧烈的地区,受三峡移民迁建和城市扩张(两江新区、北部新区等兴建)等因素影响,大量人口涌入城市,城市建设的活动随着时间的推移愈演愈烈,生态系统服务价值进一步降低(彭月和何丙辉,2012;袁兴中等,2012)。

空间自相关分析显示研究区生态系统服务价值空间分布具有一定的集聚性和相似性,高-高和低-低自相关是主要的集聚类型,表明生态系统服务价值较为接近的地区相对集中。在1986~2000年间,生态系统服务价值空间分布的集聚趋势逐渐增加,但是至2010年生态系统服务价值的空间集聚性有所降低,开始出现破碎化的趋势,这可能是人为活动的加剧,各类土地利用类型的频繁转换,区域单元间生态系统服务价值差距减小,集聚效果减弱。

段瑞娟等(2006)和陈美球等(2012)指出生态系统服务价值变化的原因:一是土地利用/覆盖格局改变造成各自然生态系统面积变化;二是自然生态系统健康程度直接造成单位面积生态系统提供的服务功能价值的变化。有研究表明:研究区内土地利用/覆盖变化的驱动力主要来源于人类社会经济活动(李月臣等,2010),本研究同样也发现人口密度、GDP、城镇化率对ESV具有明显的负面作用。三峡库区人地关系紧张,人口数量远超出生态系统承载能力,人口增长对生态系统造成极大的负担,重庆市经济城乡二元结构明显,粗放的经济发展方式在很大程度上是以牺牲自然生态环境为代价,无控制的城市扩张导致自然生态系统失衡。然而农林牧渔业的发展则表现出对ESV的促进作用,说明在三峡库区发展绿色生态产业有利于ESV的提高。三峡库区生物资源丰富,是西南地区重要的柑橘、橙(*Citrus sinensis*)、柚(*Citrus grandis*)、油桐(*Vernicia fordii*)、茶叶等优势产地,大量库区绿色生态产业的发展,在提高当地农民收入的同时也起到了保护生态系统的作用(李建国等,2010)。

三峡库区(重庆段)地域广阔,生态系统的水平和垂直空间层次结构复杂,生态系统服务存在异质性和不确定性,某些特定区域的生态系统服务可能具有其特定的单位价值(Renetzeder,2010),若要在微观尺度上更加精确评价,需要进一步研究与考证。根据研究结果结合三峡库区(重庆段)发展定位,研究区应立足生态,着眼长远,合理优化调整土地利用结构,继续推行退耕还林还草、水污染防治等生态建设,保护天然林地、草地和水体等高服务价值的生态系统完整性,发展库区高效绿色生态产业,控制城市用地无序的扩张,以减少对土地资源的浪费和自然环境的破坏,在维持和改善生态系统服务的前提下,满足当地正常生产生活的用地需求,实现区域生态环境和社会经济的可持续发展。

第五节 三峡库区(重庆段)生态系统综合评价

本节对三峡库区(重庆段)生态系统进行综合评价,主要目的在于比较重庆直辖后(即1997年以后),水库蓄水前后(以2003年为分界,1997年到2003年归属于水库蓄水前,2004年到2010年归属于水库蓄水后),整个库区重庆段的总体变化情况和各个指标项目的变化情况,以说明蓄水前后总体变化是否显著,并讨论影响总体变化的因素。

一、三峡库区(重庆段)生态系统评价指标体系构建

参考唐涛等(2002)、李昌晓等(2003)的研究,本节采用层次模糊综合评价法对三峡库区生态系统进行评价。由于影响生态系统的众多因素具有较为明显的层次性,综合国内外相关研究,生态系统的综合评价指标体系可以按以下3个层次来建立,即:目标层、子目标层和指标层,体系结构如图2-17所示。

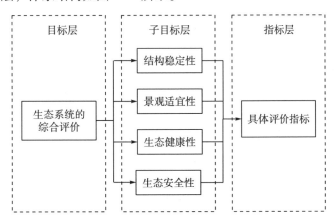

图2-17 生态系统综合评价体系结构图

在以生态系统综合评价为目标,结构稳定性评价、景观适宜性评价、生态健康性评价和生态安全性评价为子目标的基础上,以子目标的分类特性和特征确定具体指标。子目标层具体内容如表2-27所示。

表 2-27　生态系统评价的子目标层

子目标层	指标解释
结构的稳定性	只有在保持结构的稳定的基础上，生态系统才能保持其正常的生态功能。这是生态系统的基础特征。在纵向上，有上下游尺度因素；在横向上，有水面、水流条件以及植被等因素；在垂向上，有土质、地质、地形以及地下水等因素；另外，还有水文、气象等因素
景观的适宜性	生态系统的景观环境应该是适宜的，是能为人们提供与水环境和谐共处的过渡景观平台，并能提供健康、舒适、优美的休闲娱乐生态景观环境。景观类型通常包括稀疏植被景观、森林景观、经济作物景观、人文建筑景观（名胜古迹、水利建筑、休闲娱乐设施等）等。景观适宜性评价就是评价这些景观属性对人类生活的适宜性和环境的协调性
生态的健康性	生态系统自身是健康的，处于非疾病状态，表现为系统内部的物质循环、能量流动和信息传递始终处于稳定的动态平衡状态。生态系统健康评价涉及群落水平、种群水平、个体水平等种群因素，还涉及 pH、有机质含量等物化因素，以及自身功能因素
生态的安全性	生态系统自身如果是安全的，那它应该具有一定的自我调节并抵抗外界干扰和胁迫的能力，与此同时，又不会对其他系统产生干扰和胁迫。生态系统安全的影响因素主要包括外来物种入侵、陆地污染（主要为土壤污染）、水质状况（如水污染情况）、自然灾害（主要为洪灾）、人为干扰和胁迫（如超过系统自身承受能力的生产活动）以及周边社会经济状况等外部环境因素的影响

根据目标明确、重点突出、可操作性强和兼容共享性强等原则，对三峡库区重庆段生态系统评价的综合指标体系进行构建，所选指标在 1997 至 2010 年这个时间范畴中必须为一个连续变化的序列，能体现水库蓄水前后的变化。各评价指标的意义及数据的获得如下。

1. 结构稳定性（structural stability）/B_1 指标

（1）降水量（precipitation）/C_1：可以描述当年生态系统土壤被冲刷的程度，单位为 mm。其对系统的稳定产生胁迫作用，即数值越大，胁迫作用越强。

（2）地震强度（earthquake intensity）/C_2：用于描述当年生态系统中地质的状况，采用年累计地震所释放的能量[计算公式为 $E = 0.05 \times 31.6^{n-1}$（$n > 0$；$n = 0$ 时，$E = 0$）]表征，单位为 10×10^7J。其对系统的稳定产生胁迫作用，即数值越大，胁迫作用越强。

（3）火灾程度（fire extent）/C_3：用于描述当年对生态系统的破坏程度，采用当年由于火灾造成的经济损失表征，单位为 1000 元。其对系统的稳定产生胁迫作用，即数值越大，胁迫作用越强。

（4）森林覆盖率（forest coverage rate）/C_4：用于描述当年生态系统中生物成分的稳定性，单位为%。其对系统的稳定产生有利的促进作用，数值越大，促进作用越强。

2. 景观适宜性（landscape suitability）/B_2 指标

（1）耕地占用率（percentage of total sown area to total land area）/C_5：用于描述当年对生态系统自然景观的破坏作用，采用当年播种土地的占用率表征，单位为%。其对系统的景观适宜性产生胁迫作用，即数值越大，胁迫作用越强。

（2）发电量（electricity）/C_6：用于描述当年水利建筑的功效，单位为 10×10^7hm^2。其对系统的景观适宜性产生胁迫作用，即数值越大，胁迫作用越强。

（3）绿化覆盖面积（green covered area）/C_7：用于描述当年绿化程度，单位为 1000hm^2。其对系统的景观适宜性产生促进作用，即数值越大，促进作用越强。

（4）自然保护区面积（percentage of nature reserves to total land area）/C_8：采用自然保护区面积占土地总面积的比例表征，单位为%。其对系统的景观适宜性产生促进作用，即数值越大，促进作用越强。

3. 生态健康性(ecosystem health)/B$_3$指标

(1)土壤污染情况：采用当年的农药使用量(consumption of chemical fertilizer)/C$_9$和工业废渣排放量(discharged volume of industrial solid wastes)/C$_{10}$共同表征，单位为1000t。其对系统的健康性产生胁迫作用，即数值越大，胁迫作用越强。

(2)调节微气候的能力：采用当年温度(temperature)/C$_{11}$和相对湿度(relative humidity)/C$_{12}$变化的极差表征，单位分别为℃和%。其表征系统的健康性，数值越大，生态系统调节微气候的能力越差，系统越不健康。

4. 生态安全性(ecosystem safety)/B$_4$指标

(1)废水排放量(discharged volume of waste water)/C$_{13}$：用于描述当年系统的水质状况，用于评价的废水排放量为当年生活污水(domestic waste water)和工业废水(industrial waste water)排放量的总和，单位为1000t。其对系统的安全性产生胁迫作用，即数值越大，胁迫作用越强。

(2)洪灾程度(floods extent)/C$_{14}$：用于描述当年洪灾对生态系统的破坏程度，采用当年由于洪灾造成的受灾面积表征，单位为1000hm^2。其对系统的安全性产生胁迫作用，即数值越大，胁迫作用越强。

(3)水库库容量(reservoir storage capacity)/C$_{15}$：用于描述当年水库总容量，单位为10×10^7m^3。数值越大，对生态系统的胁迫作用越强。

(4)人口数量(total population)/C$_{16}$：用于描述当年人口总数，单位为10 000人。数值越大，对生态系统的胁迫作用越强。

(5)社会产值(gross domestic product)/C$_{17}$：用于描述当年社会总产值，单位为10×10^7元。数值越大，对生态系统的胁迫作用越强。

本次评价采用层次分析法进行，利用上述指标构建的层次结构图如图2-18所示。

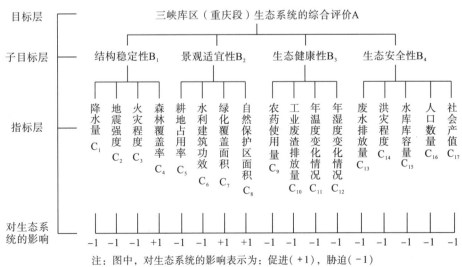

图2-18　三峡库区(重庆段)生态系统综合评价指标层次结构图

运用层次分析法，通过两两比较评定上述层次指标的相对重要性，分层设置出各指标的权重值，子目标 4 个类别和指标层各指标权重值结果见表 2-28 至表 2-32。

表 2-28   子目标层确定权重值的判断矩阵

对象	对象标度				权重值
	B_1	B_2	B_3	B_4	
B_1	1	3	2	1/3	0.2539
B_2	1/3	1	1/3	1/5	0.1619
B_3	1/2	3	1	1/2	0.2415
B_4	3	5	2	1	0.3427
一致性检测	$\lambda_{max} = 4.0150$，$CR = 0.0056 < 0.1$				1.00

表 2-29   结构稳定性指标层确定权重值的判断矩阵

对象	对象标度				权重值
	C_1	C_2	C_3	C_4	
C_1	1	3	3	1/3	0.2700
C_2	1/3	1	1	1/3	0.2001
C_3	1/3	1	1	1/3	0.2001
C_4	3	3	3	1	0.3298
一致性检测	$\lambda_{max} = 4.0200$，$CR = 0.0075 < 0.1$				1.00

表 2-30   景观适宜性指标层确定权重值的判断矩阵

对象	对象标度				权重值
	C_5	C_6	C_7	C_8	
C_5	1	3	3	3	0.3305
C_6	1/3	1	1/3	1/2	0.1907
C_7	1/3	3	1	2	0.2574
C_8	1/3	2	1/2	1	0.2215
一致性检测	$\lambda_{max} = 4.0150$，$CR = 0.0056 < 0.1$				1.00

表 2-31   生态健康性指标层确定权重值的判断矩阵

对象	对象标度				权重值
	C_9	C_{10}	C_{11}	C_{12}	
C_9	1	2	3	3	0.3138
C_{10}	1/2	1	3	3	0.2840
C_{11}	1/3	1/3	1	3	0.2211
C_{12}	1/3	1/3	1/3	1	0.1811
一致性检测	$\lambda_{max} = 4.0251$，$CR = 0.0094 < 0.1$				1.00

表 2-32　生态安全性指标层确定权重值的判断矩阵

对象	对象标度					权重值
	C_{13}	C_{14}	C_{15}	C_{16}	C_{17}	
C_{13}	1	1/2	1/3	1/3	1/5	0.1316
C_{14}	2	1	1/3	1/3	1/5	0.1426
C_{15}	3	3	1	1/3	1/5	0.1741
C_{16}	3	3	3	1	1/3	0.2214
C_{17}	5	5	5	3	1	0.3303
一致性检测	$\lambda_{max} = 5.0305$，$CR = 0.0068 < 0.1$					1.00

通过上述判断矩阵最终得到三峡库区重庆段生态系统综合评价各指标权重值，如表 2-33 所示。

表 2-33　三峡库（重庆段）区生态系统综合评价各层指标权重值

目标层	子目标层		指标层		单项指标权重
	指标	权重	指标	权重	
三峡库区（重庆段）生态系统综合评价 A	结构稳定性 B_1	0.2539	降水量 C_1	0.2700	0.0686
			地震强度 C_2	0.2001	0.0508
			火灾程度 C_3	0.2001	0.0508
			森林覆盖率 C_4	0.3298	0.0837
	景观适宜性 B_2	0.1619	耕地占用率 C_5	0.3305	0.0535
			水利建筑功效 C_6	0.1907	0.0309
			绿化覆盖面积 C_7	0.2574	0.0417
			自然保护区面积 C_8	0.2215	0.0359
	生态健康性 B_3	0.2415	农药使用量 C_9	0.3138	0.0758
			工业废渣排放量 C_{10}	0.2840	0.0686
			年温度变化情况 C_{11}	0.2211	0.0534
			年湿度变化情况 C_{12}	0.1811	0.0437
	生态安全性 B_4	0.3427	废水排放量 C_{13}	0.1316	0.0451
			洪灾程度 C_{14}	0.1426	0.0489
			水库库容量 C_{15}	0.1741	0.0597
			人口数量 C_{16}	0.2214	0.0759
			社会产值 C_{17}	0.3303	0.1132

二、三峡库区（重庆段）生态系统的评价

通过查阅重庆市和国家相关统计年鉴和统计公报得到各指标数据，分类整理如表 2-34。

表2-34　重庆直辖后（1997～2010年）三峡库区（重庆段）生态系统各项评价指标（C）值

| 时间/年 | | 评价指标 | | | | | | | | | | | | | | | | |
| | | B₁ | | | | | B₂ | | | | | B₃ | | | | | B₄ | |
		C_1	C_2	C_3	C_4	C_5	C_6	C_7	C_8	C_9	C_{10}	C_{11}	C_{12}	C_{13}	C_{14}	C_{15}	C_{16}	C_{17}
水库蓄水前	1997	898.8	1612.59	1622.00	21.0	43.8	139.9	1.007	1.8	1.68	273	22.3	25.0	140 416	142.7	35.20	3042.9	1509.8
	1998	1508.0	79.12	1822.40	22.3	43.9	158.7	1.071	1.8	1.82	229	20.5	19.0	134 008	653.0	35.20	3059.7	1602.4
	1999	1305.6	336.91	2445.50	23.1	43.7	158.3	1.154	2.7	1.84	291	19.2	12.0	132 794	387.0	35.30	3072.3	1663.2
	2000	1010.9	76.31	1939.00	23.1	43.6	167.9	1.141	7.4	1.85	238	20.7	13.0	128 297	361.0	36.90	3091.1	1791.0
	2001	814.8	707.74	1857.00	23.1	43.2	170.4	1.193	9.8	1.91	168	22.5	22.0	126 515	256.0	39.01	3097.9	1976.9
	2002	1430.6	27.08	1448.03	23.1	42.1	184.8	1.369	10.4	1.93	160	20.5	15.0	136 056	824.0	40.70	3113.8	2232.9
	2003	1025.0	22.40	1513.00	25.0	40.2	188.6	1.540	9.7	1.95	142	20.5	20.0	122 712	480.0	41.30	3130.1	2555.7
水库蓄水后	2004	1182.1	233.73	1602.15	27.1	41.8	232.8	1.926	10.3	1.95	118	21.1	18.0	135 518	516.0	42.20	3144.2	3034.6
	2005	1019.8	78.30	1850.30	30.0	41.9	234.0	2.057	10.8	1.95	184	21.9	13.0	145 221	394.0	48.80	3169.2	3467.7
	2006	839.6	19.19	1859.00	32.0	37.4	275.4	2.431	11.1	1.96	133	23.2	36.0	148 487	97.0	53.70	3198.9	3907.2
	2007	1439.2	0.00	2270.73	32.0	38.1	325.2	3.233	11.1	2.04	138	21.8	20.0	134 241	520.0	54.20	3235.3	4676.1
	2008	985.3	1133.64	2109.20	34.0	39.1	396.6	3.830	11.1	2.10	149	22.9	18.0	145113	86.0	56.60	3257.1	5793.7
	2009	1198.9	154.86	3764.90	35.0	40.2	428.3	4.424	10.2	2.20	150	21.2	20.7	147 069	319.0	55.70	3275.6	6530.0
	2010	1044.7	2868.26	13 689.60	37.0	40.8	456.7	5.190	10.8	2.10	134	20.6	16.0	128 113	321.0	74.10	3303.5	7925.6

以上数据通过公式 $C'_{ij} = (C_{ij} - C_{j,\min})/(C_{j,\max} - C_{j,\min})$ （$j = 1,2,3,4,5,6,7,8,9,10,11,12,13,14,15,16,17$）进行极差标准化并进行数据处理得到隶属函数矩阵表2-35。

表2-35 隶属函数矩阵表

评价指标

时间/年	B1					B2			B3						B4		
	C_1	C_2	C_3	C_4	C_5	C_6	C_7	C_8	C_9	C_{10}	C_{11}	C_{12}	C_{13}	C_{14}	C_{15}	C_{16}	C_{17}
造成影响	-1	-1	-1	+1	-1	-1	+1	+1	-1	-1	-1	-1	-1	-1	-1	-1	-1
1997	-0.121	-0.562	-0.014	0.000	-0.983	-0.000	0.000	0.000	0.000	-0.896	-0.775	-0.542	-0.687	-0.077	0.000	0.000	0.000
1998	-1.000	-0.028	-0.031	0.081	-1.000	-0.059	0.015	0.000	-0.269	-0.642	-0.325	-0.292	-0.438	-0.768	0.000	-0.064	-0.014
1999	-0.708	-0.117	-0.081	0.131	-0.959	-0.058	0.035	0.097	-0.308	-1.000	0.000	0.000	-0.391	-0.408	-0.003	-0.113	-0.024
2000	-0.283	-0.027	-0.040	0.131	-0.956	-0.088	0.032	0.603	-0.327	-0.694	-0.375	-0.042	-0.217	-0.373	-0.044	-0.185	-0.044
2001	0.000	-0.247	-0.033	0.131	-0.892	-0.096	0.045	0.860	-0.442	-0.289	-0.825	-0.417	-0.148	-0.230	-0.098	-0.211	-0.073
2002	-0.888	-0.009	0.000	0.131	-0.723	-0.142	0.087	0.923	-0.481	-0.243	-0.325	-0.125	-0.518	-1.000	-0.141	-0.272	-0.113
2003	-0.303	-0.008	-0.005	0.250	-0.432	-0.154	0.127	0.856	-0.519	-0.139	-0.325	-0.333	0.000	-0.534	-0.157	-0.335	-0.163
2004	-0.530	-0.081	-0.013	0.381	-0.670	-0.293	0.220	0.913	-0.519	0.000	-0.475	-0.250	-0.497	-0.583	-0.180	-0.389	-0.238
2005	-0.296	-0.027	-0.033	0.563	-0.686	-0.297	0.251	0.972	-0.519	-0.382	-0.675	-0.042	-0.873	-0.417	-0.350	-0.485	-0.305
2006	-0.036	-0.007	-0.034	0.688	0.000	-0.428	0.340	1.000	-0.538	-0.087	-1.000	-1.000	-1.000	-0.015	-0.476	-0.599	-0.374
2007	-0.901	0.000	-0.067	0.688	-0.113	-0.585	0.532	1.000	-0.692	-0.116	-0.650	-0.333	-0.447	-0.588	-0.488	-0.738	-0.494
2008	-0.246	-0.395	-0.054	0.813	-0.261	-0.810	0.675	1.000	-0.808	-0.179	-0.925	-0.250	-0.869	0.000	-0.550	-0.822	-0.668
2009	-0.554	-0.054	-0.189	0.875	-0.434	-0.910	0.817	0.905	-1.000	-0.185	-0.500	-0.363	-0.945	-0.316	-0.527	-0.893	-0.782
2010	-0.332	-1.000	-1.000	1.000	-0.528	-1.000	1.000	0.970	-0.808	-0.092	-0.350	-0.167	-0.210	-0.318	-1.000	-1.000	-1.000

注:水库蓄水前(1997—2003年);水库蓄水后(2004—2010年)

上述数据根据公式 $C_{ij}'' = C_{ij}' b_j$,其中 b_j 为各项指标的权重值,得到表2-36。

表 2-36　隶属函数值乘以各自权重后的评价值表

时间/年		评价指标																
		B_1				B_2				B_3						B_4		
		C_1	C_2	C_3	C_4	C_5	C_6	C_7	C_8	C_9	C_{10}	C_{11}	C_{12}	C_{13}	C_{14}	C_{15}	C_{16}	C_{17}
权重值(b)		0.0686	0.0508	0.0508	0.0837	0.0535	0.0309	0.0417	0.0359	0.0758	0.0686	0.0534	0.0437	0.0451	0.0489	0.0597	0.0759	0.1132
水库蓄水前	1997	-0.008	-0.029	-0.001	0.000	-0.053	-0.000	0.000	0.000	-0.000	-0.061	-0.041	-0.024	-0.031	-0.004	-0.000	-0.000	-0.000
	1998	-0.069	-0.001	-0.002	0.007	-0.054	-0.002	0.001	0.000	-0.020	-0.044	-0.017	-0.013	-0.020	-0.038	-0.000	-0.005	-0.002
	1999	-0.049	-0.006	-0.004	0.011	-0.051	-0.002	0.001	0.003	-0.023	-0.069	-0.000	-0.000	-0.018	-0.020	-0.000	-0.009	-0.003
	2000	-0.019	-0.001	-0.002	0.011	-0.051	-0.003	0.001	0.022	-0.025	-0.048	-0.020	-0.002	-0.010	-0.018	-0.003	-0.014	-0.005
	2001	-0.000	-0.013	-0.002	0.011	-0.048	-0.003	0.002	0.031	-0.034	-0.020	-0.044	-0.018	-0.007	-0.011	-0.006	-0.016	-0.008
	2002	-0.061	-0.000	-0.000	0.011	-0.039	-0.004	0.004	0.033	-0.036	-0.017	-0.017	-0.005	-0.023	-0.049	-0.008	-0.021	-0.013
	2003	-0.021	-0.000	-0.000	0.021	-0.023	-0.005	0.005	0.031	-0.039	-0.010	-0.017	-0.015	-0.000	-0.026	-0.009	-0.025	-0.018
水库蓄水后	2004	-0.036	-0.004	-0.001	0.032	-0.036	-0.009	0.009	0.033	-0.039	-0.000	-0.025	-0.011	-0.022	-0.028	-0.011	-0.030	-0.027
	2005	-0.020	-0.001	-0.002	0.047	-0.037	-0.009	0.010	0.035	-0.039	-0.026	-0.036	-0.002	-0.039	-0.020	-0.021	-0.037	-0.035
	2006	-0.002	-0.000	-0.002	0.058	-0.000	-0.013	0.014	0.036	-0.041	-0.006	-0.053	-0.044	-0.045	-0.001	-0.028	-0.045	-0.042
	2007	-0.062	-0.000	-0.003	0.058	-0.006	-0.018	0.022	0.036	-0.052	-0.008	-0.035	-0.015	-0.020	-0.029	-0.029	-0.056	-0.056
	2008	-0.017	-0.020	-0.003	0.068	-0.014	-0.025	0.028	0.036	-0.061	-0.012	-0.049	-0.011	-0.039	-0.000	-0.033	-0.062	0.076
	2009	-0.038	-0.003	-0.010	0.073	-0.023	-0.028	0.034	0.032	-0.076	-0.013	-0.027	-0.016	-0.043	-0.015	-0.031	-0.068	-0.089
	2010	-0.023	-0.051	-0.051	0.084	-0.028	-0.031	0.042	0.035	-0.061	-0.006	-0.019	-0.007	-0.009	-0.016	-0.060	-0.076	-0.113

对以上数据进行汇总可以得到总评价值，同时对子目标层的各个子目标类别综合评价值进行计算，可得三峡库区生态系统子目标层分类综合评价值和目标层总评价值（表2-37）。

表 2-37　子目标分类综合评价表

| 时间/年 | 子目标分类综合评价值 | | | | 总评价值 |
	B₁类综合评价值	B₂类综合评价值	B₃类综合评价值	B₄类综合评价值	
指标权重值	0.2539	0.1619	0.2415	0.3427	
1997	−0.148	−0.325	−0.524	−0.101	−0.251
1998	−0.255	−0.338	−0.391	−0.186	−0.278
1999	−0.188	−0.298	−0.381	−0.143	−0.237
2000	−0.047	−0.191	−0.390	−0.145	−0.187
2001	−0.013	−0.111	−0.479	−0.140	−0.185
2002	−0.199	−0.039	−0.314	−0.333	−0.247
2003	−0.002	0.051	−0.335	−0.231	−0.152
2004	−0.036	−0.018	−0.313	−0.345	−0.206
2005	0.093	−0.003	−0.428	−0.444	−0.232
2006	0.209	0.228	−0.596	−0.473	−0.216
2007	−0.030	0.210	−0.454	−0.554	−0.273
2008	0.112	0.155	−0.554	−0.613	−0.290
2009	0.090	0.094	−0.543	−0.717	−0.339
2010	−0.160	0.107	−0.387	−0.799	−0.391

注：1997~2003年为水库蓄水前，2004~2010年为水库蓄水后。

（一）三峡库区重庆段生态系统的综合评价结果

对以上数据分层，即目标层（A）、子目标层（B）和指标层（C），各层评价值在两个阶段，即水库蓄水前（1997~2003年）和水库蓄水后（2004~2010年）的数值进行统计分析，计算平均值，进行双样本方差分析（F-检验）判断两个阶段的数值方差是否具有齐性，若有，则对两个阶段的数值进行双样本等方差的 t-检验，以判断二者的差异显著性程度；若两个阶段的数值不具有齐性，则进行双样本异方差的 t-检验，以判断二者的差异显著性程度。判断过程和结果见表2-38。

表 2-38　三峡库区蓄水前后各评价值差异显著性检验表

显著性检验对象		平均值	F-检验：双样本方差分析 P值（单尾）	差异显著性程度	双样本等方差 t-检验 P值（单尾）	差异显著性程度	双样本异方差 t-检验 P值（单尾）	差异显著性程度
	总评价值检验	蓄水前 -0.220	0.1717 >0.05		0.0407 <0.05	*		
		蓄水后 -0.278						
	本类综合评价值检验	蓄水前 -0.122	0.3225 >0.05		0.0097 <0.01	**		
		蓄水后 -0.040						
	C_1 项评价值检验	蓄水前 -0.472	0.2121 >0.05		0.3767 >0.05			
		蓄水后 -0.414						
B_1	C_2 项评价值检验	蓄水前 -0.143	0.0876 >0.05		0.3106 >0.05			
		蓄水后 -0.223						
	C_3 项评价值检验	蓄水前 -0.029	0.0001 <0.01	**			0.1293 >0.05	
		蓄水后 -0.199						
	C_4 项评价值检验	蓄水前 0.122	0.0131 <0.05	*			0.0001 <0.01	**
		蓄水后 0.715						
	本类综合评价值检验	蓄水前 -0.179	0.1454 >0.05		0.0006 <0.01	**		
		蓄水后 -0.110						
	C_5 项评价值检验	蓄水前 -0.849	0.2700 >0.05		0.0007 <0.01	**		
		蓄水后 -0.384						
B_2	C_6 项评价值检验	蓄水前 -0.085	0.0003 <0.01	**			0.0016 <0.01	**
		蓄水后 -0.618						
	C_7 项评价值检验	蓄水前 -0.048	0.0001 <0.01	**			0.0023 <0.01	**
		蓄水后 -0.548						
	C_8 项评价值检验	蓄水前 0.477	0.0001 <0.01	*			0.0120 <0.05	*
		蓄水后 0.965						

续表

显著性检验对象		平均值	F-检验：双样本方差分析 P值（单尾）	差异显著性程度	双样本等方差 t-检验 P值（单尾）	差异显著性程度	双样本异方差 t-检验 P值（单尾）	差异显著程度
	本类综合评价值检验	蓄水前	−0.402	0.2403　>0.05		0.0963　>0.05			
		蓄水后	−0.467						
	C_9 项评价值检验	蓄水前	−0.335	0.4492　>0.05		0.0013　<0.01	＊＊		
		蓄水后	−0.698						
	C_{10} 项评价值检验	蓄水前	−0.558	0.0121　<0.05	＊			0.0083　<0.01	＊＊
		蓄水后	−0.149						
	C_{11} 项评价值检验	蓄水前	−0.421	0.3317　>0.05		0.0630　>0.05			
		蓄水后	−0.654						
	C_{12} 项评价值检验	蓄水前	0.250	0.1613　>0.05		0.2574　>0.05			
B_3		蓄水后	0.344						
	本类综合评价值检验	蓄水前	−0.183	0.0531　>0.05		0.0001　<0.01	＊＊		
		蓄水后	−0.564						
	C_{13} 项评价值检验	蓄水前	−0.343	0.2751　>0.05		0.0167　<0.05	＊		
		蓄水后	−0.692						
	C_{14} 项评价值检验	蓄水前	−0.484	0.2614　>0.05		0.1467　>0.05			
		蓄水后	−0.320						
	C_{15} 项评价值检验	蓄水前	−0.063	0.0030　<0.01	＊＊			0.0013　<0.01	＊＊
		蓄水后	−0.510						
	C_{16} 项评价值检验	蓄水前	0.169	0.0731　<0.01	＊＊			0.0001　<0.01	＊＊
		蓄水后	0.704						
	C_{17} 项评价值检验	蓄水前	0.062	0.0008　<0.01	＊＊			0.0013　<0.01	＊＊
B_4		蓄水后	0.552						

（二）三峡库区重庆段生态系统评价结论

通过上述分析可得出以下结论。

（1）三峡库区生态系统（重庆段），目标层（A）在水库蓄水后的综合评价值显著低于水库蓄水前的值，说明三峡库区蓄水后对整个生态系统的负面影响和胁迫作用明显，生态系统面临或者正在进行退化，总体处于一种受到胁迫的状态。

（2）子目标层，结构稳定性（B_1）和景观适宜性（B_2）在水库蓄水后的综合评价值极显著高于水库蓄水前的值，生态安全性（B_4）在水库蓄水后的综合评价值极显著低于水库蓄水前的值，而生态健康性（B_3）在水库蓄水后的综合评价值虽有所降低但与蓄水前相比并无显著性差异。说明系统的结构稳定性、景观适宜性和生态健康性在水库蓄水后总体上并未明显降低，而生态安全性则在水库蓄水后出现明显降低。

（3）就结构稳定性（B_1）类的指标而言，降水量（C_1）、地震强度（C_2）和火灾程度（C_3）的评价值在水库蓄水前后无显著性差异，说明就整体而言，三峡库区生态系统中影响结构稳定性的非生物的环境因素在蓄水前后没有发生明显变化，情况良好。森林覆盖率（C_4）在水库蓄水后的评价值显著高于蓄水前的值，而整个结构稳定性（B_1）的评价值与其高度相关，说明重庆市的退耕还林等有利于增加森林覆盖率的手段和措施确实起到了积极作用。

（4）就景观适宜性（B_2）类的指标而言，耕地占用率（C_5）在水库蓄水后的评价值极显著地低于蓄水前的水平，而水利建筑的功效（C_6）在水库蓄水后的评价值极显著地高于蓄水前的水平，说明前者在恢复系统的景观适宜性，而后者则对系统的景观适宜性产生破坏性作用。绿化覆盖面积（C_7）和自然保护区面积（C_8）在水库蓄水后的评价值极显著地高于蓄水前的水平，二者有利于系统景观适宜性的恢复。

（5）就生态健康性（B_3）类指标而言，农药使用量（C_9）和工业废渣排放量（C_{10}）在水库蓄水后的评价值均极显著地高于蓄水前的水平，说明社会对系统土壤的污染行为在加强，系统所受到的胁迫在变强。而年温度（C_{11}）和湿度（C_{12}）变化情况的评价值在水库蓄水前后的综合评价值无显著性差异，说明系统调节微气候的能力在水库蓄水前后没有明显的变化。

（6）就生态安全性（B_4）类指标而言，洪灾程度（C_{14}）的评价值在水库蓄水前后无显著性差异，而废水排放量（C_{13}）在水库蓄水后的评价值显著高于蓄水前的水平，同时，水库的库容量（C_{15}）、人口数目（C_{16}）和社会产值（C_{17}）在水库蓄水后的评价值都极显著高于蓄水前的水平。整个系统的承载能力和供给产品的能力都是有限的，这些值的上升会加大人类社会对生态系统的胁迫，应该说，现在系统受到的胁迫明显高于水库蓄水前，系统的安全性不高。

（三）三峡库区生态系统评价展望

由于具有独特的生态结构和功能，生态系统的开发利用和保护逐渐引起了人们的重视。在我国，生态系统分布广泛，但由于自然和人类活动的强烈干扰，许多生态系统都处于退化之中。

以上研究成果，为了解生态系统退化机制奠定了良好的基础，也为国内开展退化水库生态系统恢复研究，特别是如何开展水库生态系统的综合评价上提供了参考，但在一些方面仍需进一步的研究。就整体而言，在研究对象的选择上，需要加强系统内各个要素之间相互作用机制的研究，模拟研究和定量分析自然和人为干扰对水库区域植被及整个系统的影响。在研究的方法上，要把以恢复生态学和环境科学两门学科为主的方法逐渐发展成为多学科交叉复合的方法，充分结合生态学、地理学、水文学等学科内容和方法，同时考虑社会和经济因素对库区生态恢复的影响。此外，由于不同流域库岸区域间的差异，国内在进行研究时，应充分借鉴国内外已有的研究成果。

就生态系统的综合评价而言，在提取指标和权重的确立上目前还没有严格的学界公认的统一标准。因此，很有必要对综合评价工作进行标准化，即就世界上典型的生态系统的退化和修复过程建立一个综合评价的标准模型，模型中包括有合理的、适宜的以及能适合各种需求的综合评价指标体系。对于每一综合评价体系，应把整个退化或修复过程划分成若干阶段，并就各个阶段进行评价，然后再提取综合评价值。

第三章　三峡库区生态系统退化分析

第一节　生态系统退化概述

任何生态系统都有一定限度的自我调节能力和稳定性，如果自身变化或者外界的扰动超出这个限度，则生态系统的相对稳定状态就会遭到破坏，这种生态系统的结构和功能发生与原有的平衡状态或进化方向相反的位移的变化，称作生态系统的退化（蒋佩华等，2006）。生态系统退化将会发生逆向平衡方向的变化，这种变化往往因超过系统回复临界值而不可逆，即使可逆也需要花费相当长的时间（包维楷等，1995）。

引起生态系统退化的主要因素有两种：自然因素和人为因素（林波等，2009）。自然环境有时候会对生态系统造成破坏，例如火山爆发、地震、泥石流、洪水、台风、海啸等（蒋佩华等，2006）。随着社会的进步，人类活动逐渐加强，施用大量化肥农药、排放有毒物质、修建大型工程等过度开发行为造成环境污染，远远超过了生态系统的承受力，对生态系统产生了极大的破坏性影响，其破坏的程度与人类活动的干扰强度、持续时间和规模等因素有关（孙晓霞等，2007）。其中，人为因素是生态系统退化的主要原因。

一般来说，自然干扰会使生态系统返回到生态演替的早期状态，而人为干扰则使生态系统产生逆向演替，其变化往往是不可逆的。人为干扰造成的环境伤害是极难恢复或者永久性不能恢复的，例如土地荒漠化、生物多样性破坏和全球气候变化等。典型的生态系统退化有以下几个例子。

（1）农田生态系统退化：肥料使用不当造成土壤次生盐碱化；大量使用的化肥、农药导致土壤酸化、地下水污染、土壤侵蚀和板结等。

（2）森林生态系统退化：森林覆盖率上升，但森林资源质量下降，单位面积森林蓄积量减少，尤其是近熟林、成熟林和过熟林的面积急剧下降。此外，也有不少区域因滥砍滥伐而造成的森林覆盖率下降，也是森林生态系统退化的一个方面。

（3）草地生态系统退化：由于长期超负荷放牧导致草地逐步沙化。

每一种生态系统的组成、结构和功能都不尽相同，因此影响生态系统并使其发生变化的因素、作用在不同生态系统上产生的效果也不尽相同，对于不同的生态系统使其退化的条件因素也不相同。例如，海洋生态系统、淡水生态系统的决定因素是水环境，因此水环境的变化对这两种生态系统的影响相当剧烈；而在草地、森林生态系统中，水的影响程度没有上述生态系统那样强烈。除水之外，影响草地、森林生态系统的因素还有温度、土壤状况、物种状况等。现今人为因素往往叠加在自然因素之上，对生态系统的退化起着加速和主导的作用。

一、生态系统退化的实质

生态系统的形成过程与自然界中发生的演替过程密不可分。生态系统的演替类型主要有两种：一是原生演替，二是次生演替。无论是原生演替还是次生演替，都是生态系统正向发展的过程，经历的都是从无到有、从简单到复杂的过程。而生态系统的退化从实质上来讲就是生态系统发生负向演替的连续性过程（Jorgensen et al.，1995）。在负向演替中，由于存在于生态系统中的干扰因素的作用幅度不一致，生态系统的退化速度和退化等级也存在不同程度的差异性（Xu，1997）。我们只有在明白了生态系统的力学性质和受力类型后才能对生态系统退化的具体类型进行划分。

（一）生态系统力学性质

由于生态系统整体是由无机环境与生物有机体共同组成，因此生态系统具备一般物体的特性，能够凭借外部各种力量维持其正常的运转及发展（Hurrell，1995），即生态系统具备一般物体能够运动这一特性，同样会产生"位移"（displacement）（陆健健等，2006）。但是生态系统的位移并不是物理学中物体的空间位置发生了变化，而是系统所处的状态或者性质发生变化。因此，生态系统是在不断演替和发展变化的（史德明，1991）。生态系统的退化只是生态系统运动的一种形式，是一种偏离正常状态的运动过程。

（二）生态系统的主要受力类型

力是物体间的相互作用，生态系统在这里可以抽象成为一个处于三维空间中的生态实体，它受到来自外界各种"生态效应力"的作用（Mielke et al.，2003）。"生态效应力"既包括各种动力类型，也包含自然干扰和人为活动引起生态系统中物质能量转化而表现出来的一种驱动力。这些力主要包括自然力中的重力、地表的支持力、外营力（风力、水力、热力、辐射力、潮汐力等）和内营力（火山活动、地震等）；人为力中的人口压力，包括静态压力和动态压力、农业耕地压力、城市化和工业化造成的环境压力以及战争火力（章家恩等，2003）。

施加于生态系统的各种效应力通常具有不同的作用效应方向，这里的作用方向实质是自然作用和人为干扰使生态系统发生变化的方向，而不是各种作用力本身的方向（Vander，1999）。在这里做出人为划分：凡是能够促进生态系统朝进化方向运动的，这种作用效应方向就为正方向；凡是推动生态系统向退化方向演替的，该力的作用效应方向就是负方向。

二、生态系统的退化类型

伴随人类活动的日益频繁，对生态系统的稳定性破坏愈来愈大，当向生态环境施加的破坏因素超过生态系统自身能够承受的最大抵抗力时，即超过生态系统的抵抗力并发生不可逆变化时，生态系统将发生退化（包维楷等，1999）。生态系统的退化有以下几种类型（图3-1）：突变过程（A）、跃变过程（B）、渐变退化过程（C）、间断不连续过程（D）。生态系统退化的四种类型的描述、特点和实例如表3-1所示。

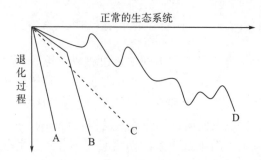

图 3-1　生态系统四种退化类型

表 3-1　生态系统退化四种类型介绍

类型	描述	特点	实例
突变型过程	生态系统在特别强烈的干扰下表现出的突然的退化过程	驱动系统退化的干扰力远大于系统自身的抵抗力，退化的时间短、速度快，退化程度极严重，退化后系统恢复力弱，系统靠自身自然恢复极慢，恢复重建工作艰巨	大型采矿活动导致的系统迅速转变成废坑的过程（周树理，1995）、泥石流导致的植被退化过程（Cairns，1995）、火山爆发导致的植被退化过程（美国的圣海伦火山爆发（Singh et al.，1987）等
跃变型过程	生态系统在受到持续的干扰作用下，在最初并未表现出十分明显的退化或并未退化，但随着干扰的持续、积累，表现出突然剧烈退化的过程	干扰作用是持续的，作用时间长，退化速度前慢后快，系统的抵抗力逐步丧失。退化后的系统可自然恢复，但所需要的时间长短不一。与突变型退化相比，跃变型干扰持续期较长，退化速度相对较慢	大气污染胁迫驱动下的植被退化过程（Bormann，1985），水污染胁迫驱动下的湿地系统的退化过程（Singh et al.，1987），持续超载放牧干扰下的系统退化过程（四川省畜牧局，1989）等
渐变退化型过程	生态系统受持续干扰后所表现出的退化匀速、退化程度逐渐加重的退化过程	与其他退化类型相比，该类型的各项指标均适中	在陡坡上开垦耕地连续种植作物时土壤生态系统逐渐退化的过程
间断不连续型过程	生态系统在周期性干扰作用下表现出的退化过程	与其他退化过程最明显的区别是整个退化过程中包含有明显的恢复阶段。在这过程中，干扰存在时，系统在退化，而在两次干扰的间隙，生态系统有一定程度的恢复	热带雨林周期性的轮歇刀耕火种下的系统退化过程（Cairns，1995）

除了以上四种典型的退化过程之外，生态系统的实际退化有的也表现为四种类型的复合变化，即复合型退化过程。

生态系统的退化过程取决于干扰的时间、频率、规模和干扰作用的强度等，同时取决于生态系统本身的自然特性（如稳定性），表现为较为明显的退化过程的多元化和退化程度的多样化。然而，自然演替的过程只取决于系统本身的性质，仅表现为向相对稳定状态发展的单一的发展模式。因此，在进行退化生态系统的恢复和重建时，必须首先将其退化的过程和退化程度诊断出来，才可能选择和采取合理的途径和具体的技术方法。

三、生态系统退化的特点

由于生态系统退化过程不尽相同，生态系统在退化过程中的表现也各不相同。因此只有将各种退化过程及结果框定在预设的尺度内，才能够总结得出生态系统退化的一般规律特点。总体来说，生态系统退化主要表现在以下几个方面（表 3-2）。

表 3-2 生态系统退化的特征

特 征	解 释
生物多样性的退化	优势种首先消失，然后与之有共生关系的种类也开始逐渐消失。紧接着，依赖它们提供食物和环境的从属性物种相继消失。与之同时，系统的伴生种却迅速发展，表现为种类增加，如喜光种类和耐旱种类以及对生存环境尚能忍受的先锋种类借势侵入、迅速繁殖。在这个过程中，物种多样性的程度可能没有明显的变化，多样性指数可能也不降低，但多样性的性质会发生变化，质量明显下降，价值明显降低，集中表现为功能的衰退
层次结构的简单化	集中表现为生态系统在垂直结构和水平结构上的简单化，如优势种群碎片化，群落结构矮小化，景观碎片化、岛屿化
食物网结构简化	有利于系统稳定的复杂食物网结构简单化。表现在组成食物网的食物链缩短，部分链断裂和与其他食物链的解连接，单链营养关系增多，种间共生、附生关系减弱，甚至消失
能量流动出现危机和障碍	主要表现为系统总光能固定的作用减弱，能量流规模逐渐变小，能流损失增多，能流效率降低。能流格局和能流过程发生简化。捕食过程减弱甚至消失，腐化过程减弱，吸贮过程减弱，矿化过程加强
物质循环发生不良变化	整个过程可以概括为：生物循环减弱而地球化学循环增强。物质循环由闭合转向开放，二者组成的大循环功能逐渐减弱，使得其保护和利用环境的作用减弱，环境发生退化。如系统中由生物控制的水、氮、磷循环逐渐转变为物质控制
系统生产力下降	主要表现为生产者的光能利用率减弱，光效率降低，净初级生产力下降
生物利用和改造环境的功能弱化	主要表现为：固定、保护、改良土壤的功能弱化；调节气候的功能削弱；水分维持的功能弱化；防风、固沙的功能弱化；净化空气的功能弱化。降低噪音的功能弱化；美化环境的功能弱化
系统稳定性变差	稳定性是一个生态系统最基本的特征。在一个正常的生态系统中，生物之间的相互作用是最主要的，环境的有限干扰所导致的偏离将被生物的相互作用所消弭，使得系统在某一平衡附近来回摆动。但退化系统的结构成分不正常，其内在的正反馈机制将驱使系统远离平衡，系统不能恢复正常，使系统稳定性变差。这时，外界环境的干扰作用将逐渐强于内部相互作用，随机作用将使系统偏离的程度更强大，稳定性变得更差

生态系统在自然环境中不是单一存在的，它能够将人与自然等多方面因素相互调节，组建成为一个复杂的生态网络，一旦生态系统受到外界胁迫，同时没有自我修复的能力，那么这个网络也将面临全面崩溃，各方面都将受到巨大的损失。因此，进行生态系统修复的重要性不容忽视。

第二节 三峡库区生态系统退化

长江流域生态系统是我国最大的流域生态系统，它拥有丰富的陆地和水生生物资源，能够调节流域两岸生态系统的变化，维持着流域生态系统的平衡性。在长江流域生态系统中，三峡库区生态系统是其重要的组成部分，同时三峡库区生态系统作为众多的生态系统之一，有着生态系统的共同特性。生态系统属于一种动态系统，遵循事物的普遍规律，在无外界的干扰活动中，长期处于一种动态平衡（Rapport，1995）。三峡库区生态系统目前发展的状况较为严峻，伴随着人口数量增加、经济的快速增长以及城市化进程的加快，库区居民对于库区的依赖程度逐步增强，进而造成了对库区生态资源的不合理分配及应用，使得三峡库区生态系统的退化成为普遍现象，造成了严重的生态资源危机（Mielke et al.，2003）。

一、退化过程

由于三峡库区生态系统的特殊性，其生态系统的退化并不是由单一影响因子的作用所导致的，也不是四类退化过程中某一类的典型代表，而是四类退化过程复合作用的结果。突变过程、跃变过程、渐变过程和间断不连续过程都是使整个生态系统处于快速退化状态的原因，因而复合退化过程集合了这四类退化过程的共有特征。据其原因，可以用以下过程来表示(图3-2)。

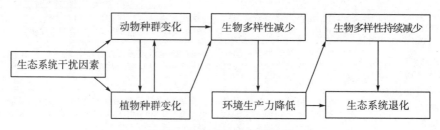

图 3-2　生态系统的退化过程

第一阶段，植物种群及其年龄层次发生变化。优势种种群的年龄结构向右发生移动，老龄个体占多数，繁殖性年龄和增长型年龄的个体占少数，种群正常的更替不成功，导致了优势种的衰退。在群落演替的过程中，泛化种(generalists)种群数量有所扩大(任海等，2004)。同时，以植物为食的动物种群数量及年龄结构发生变化，但是其变化程度较植物种群来讲退化较轻，通过人为因素保护，很容易恢复。

第二阶段，在第一阶段的基础上进一步扩展，生态系统继续退化，生物的多样性明显下降，植物种类及数量的快速减少导致生态系统的生产力严重降低，其捕食者及共生生物减少或者消失；初级生产力的下降致使次级生产力也逐渐降低，从而腐生生物的种类和生产力发生变化。

第三阶段，在生态系统中植被的盖度减少，裸露的土地增加，土壤受到侵蚀的程度加剧，进而造成严重的水土流失，环境严重退化，植物种类以耐旱的阳生种为主。这样的生态环境不可能在短时间内通过生态系统的恢复力稳定性恢复，必须引入外界的因素才能够使退化的生态环境逐渐恢复。

第四阶段，植物盖度几乎全部丧失，导致"荒漠化"的产生，即整个生态系统处于荒漠状态。

处于正常平衡状态下的生态系统是生物群落与自然环境取得平衡的自维持系统。各组分的发展变化按照一定规律并在某一平衡位置作一定范围的波动，从而达到一种动态平衡(康乐，1990)。如果从外界环境引入新的干扰因素打破了生物群落与自然环境的平衡状态，那么就极有可能引起该生态系统的退化。

三峡库区生物多样性的持续减少导致生态系统的退化，这主要是由于长江流域、三峡库区消落带近年气候环境表现反常，高温炎热，突发暴雨成灾，导致原有的生物物种难以适应这种生存环境，进而导致物种的迁移、消亡等(刘光德等，2003)。因此，在一定时期内，三峡库区将处于生物多样性降低、生态系统类型减少，结构和功能趋向简单化的状态。

三峡库区生态系统是一个复合的生态系统，该系统尤其具有脆弱性和边缘性，其退化不仅取决于多因素复合的影响结果，还取决于生态系统的类型以及其抗干扰的能力。在相同的条件下，其退化速度快，程度高，表现明显，在三峡库区开展生态修复与重建往往具有较高的难度。

二、退化及驱动因子

由于库区的特殊性，在分析其退化的驱动因子时应结合三峡库区生态系统的特点来进行（刘国辉，2007）。库区生态环境本底相当脆弱，加之人口压力大、整体经济发展水平低、不合理的土地利用结构与方式，以及城镇扩展和工程建设等社会经济活动，加剧了库区的水土流失（王鹏等，2010）。三峡工程的建设过程中，人类活动对原有生态系统的干扰加大。土地资源的不合理利用导致了严重的水土流失，加剧了土地退化。三峡库区土地退化及其利用类型的变化受到自然因素和人文因素的共同影响，与气候、土壤和地形等自然因素相比，政策、经济发展和人口等人文因素对其生态环境的影响更大。

（一）直接因素导致的退化

人地矛盾突出，根据相对资源承载力的研究与计算方法，得出该地区超载人口占该地区总人口的比例达37.4%（蒋佩华等，2006）。人类活动造成的湿地破坏，工农业生产造成的水污染，以及库区及周边植被的砍伐破坏等，再加之库区地质地貌特殊，主要是山地坡地，坡地的总面积占90%（Iuk et al.，1993）。这些因素均导致生态系统中保持平衡的条件被打破，水体和土壤污染加剧，水土流失日益严重，石漠化程度和范围进一步扩大，生态系统将会发生不可逆的退化。

（二）间接因素导致的退化

由于水文设施的建设，导致库区水流缓慢，甚至倒流，水中溶解氧下降，水域自净能力减弱，再加上库区污染源广泛，有大量的点源、面源、流动源和固体废弃物污染，使得库区的自然条件被改变，且库区的小气候会随之发生变化。另外，库区大面积的人口聚居活动也会导致生态系统在一定程度上被扰乱。

（三）引起三峡库区生态系统恶化的系列环境问题

三峡工程为人类带来了巨大的经济效益，与此同时，三峡工程的建设也使得人类对库区生态系统的干扰越来越大，造成一系列的环境污染、生态系统退化问题。

1. 水土流失问题

由于三峡库区所处的地理位置，导致其地质环境脆弱，是地质灾害多发的地区。其中山体滑坡、泥石流和崩塌频频发生，甚至还存在地震的可能。三峡库区的泥石流主要集中分布在巫山、巴东、奉节至云阳等县约200km的沿江地段，它们占有沿江泥石流沟总量的94%。从湖北宜昌三斗坪至重庆市近600km的长河谷两岸，有滑坡崩塌214处，总体积为13.5亿~15亿 m^3；其中崩塌47处，体积约为1.17亿 m^3；滑坡167处，体积约为12.35亿 m^3（许厚泽，1988）。大量的山体滑坡、泥石流等自然灾害加剧了三峡库区的水土流失，从而导致三峡库区生态系统的恶化，影响三峡库区生态系统的结构与功能。据不完全统计，三峡库区水土流失的面积占土地总面积的62%，高达3.335万 km^2，年流入江河的泥沙总量也有达1亿t以上(钟章成等,1999)。这些数据足以说明目前三峡库区水土流失的严重性,如果不对其进行有效的控制,那么最终会造成河沙淤积。这不仅影响河道的正常通航,也使三峡库区的生态环境问题愈加严重。

2. 水体富营养化问题

三峡水库蓄水后,库区水位提高,水流减缓,水体扩散能力明显减弱,库湾和支流污染物的滞留时间延长,水域环境发生了巨大的变化,水生生物群落也随之发生了根本性改变,进而造成局部水域出现水华现象。三峡库区水体富营养化现象不仅给库区的社会经济和生态环境的可持续发展造成了严重影响,还打破了原有的平衡。2005年三峡库区27座水库都出现不同程度的富营养化现象,黔江小南海等8座水库相继有了富营养化的趋势。李永建等(2005)根据水体综合营养状态指数评价模型对三峡库区139m蓄水后水体营养状态进行评价,发现库区长江干流成库河段处于中营养状态,而大宁河等几条主要次级河流回水腹心区的营养状态明显高于上游的回水末端和下游的长江回水口干流水平,特别是回水末端来水量较小的更严重,如抱龙河、神女溪等。富营养化专项监测还表明,几条典型的次级河流部分河段藻类活动十分旺盛(邓春光和任照阳,2007),由此可见,三峡库区水体富营养化日趋严重。

3. 生物多样性下降问题

由于人类活动长期的强烈干预和破坏,以及随着三峡库区蓄水水位逐渐升高,库区生态环境日趋退化,生物多样性在逐渐减少或丧失(白宝伟等,2005;冯义龙等,2007;章家恩和徐琪,1997a,b)。据有关资料统计,三峡库区动植物种类总数约为6500多种,其中国家一级保护动植物约占全国种类的20%。随着库区水位的升高,部分动植物生活的区域被淹没,使这些物种的生存生活受到威胁,进而造成物种种类和数量的锐减,甚至有可能使某些珍贵物种灭绝。生物多样性的下降,直接造成生态系统的结构简单化,稳定性下降,抵抗外在变化的能力降低,致使生态系统的功能严重下降。

4. 自然地理环境欠佳加速三峡库区生态系统退化

三峡库区属中亚热带湿润气候,夏季是三峡库区暴雨的极盛时期,热带西太平洋高压西渗入境,成为高温伏旱天气,同时又将南海及孟加拉湾一带的温湿空气带到重庆上空为降雨提供水汽来源,并与贵州、湖北一带的西南气流结合,从东部河谷入渝,导致暖湿气流在库区北部与南部环流而形成暴雨、洪灾。三峡库区降水丰沛,年降水量1000~1200mm,季节分配不均,四月至十月为雨季,春末夏初多雨,且暴雨集中、历时短、强度大是造成土壤侵蚀的重要因素。山高、坡陡、雨量多、强度大的特点,使坡耕地受到高山洪水的直接威胁,加重了坡耕地的水土流失(袁传武等,2011)。

三峡库区重庆段东部地区地层岩性以古生代、中生代碳酸盐类地层为主,地表、地下喀斯特地貌发育,不仅地表缺水,而且土层瘠薄,生态环境的自身调节能力和抵抗力较差,易受外界干扰。三峡库区地形起伏大、坡度陡,降雨多、强度大,主要土壤类型有黄壤、黄棕壤、紫色土、黄色石灰土、棕色石灰土、水稻土、冲积土、粗骨土和潮土等(Li et al.,2009),其中紫色土所占比例较大,接近40%,第二大类土壤类型为黄壤。

通过徐琪等(2011)对秭归县土壤生态退化的研究得知,土壤薄层化程度大小顺序依次为:紫色土>黄棕壤>石灰土>黄壤;土壤粗骨化程度比较依次为:紫色土>黄棕壤>黄壤>石灰土,所以不同土壤类型使得其退化程度不同。紫色土壤类型具有易风化、易被侵蚀、土壤熟化度低等特点，土壤肥力低下，有机质及速效氮、磷、钾含量较低，因此三峡库区的土地退化与其本身土壤类型有密切关系。

5. 社会经济快速发展加速三峡库区生态系统退化

社会经济发展是改变库区土地利用方式、数量以及结构的重要因素。三峡库区原是我国长江流域中的一个典型的经济低谷区，长期以来经济增长缓慢，经济发展水平低，与全国以及重庆市的经济发展差距大（李炯光，2005）。在经济快速发展繁荣的初期，为满足经济发展与人口增长的需求，一般是以生态环境的恶化为代价。为了扩大经济规模，必然会对城镇、农村居民点以及工矿道路等进行修建或改造，占用优质农田耕地，人们为满足基本耕地需求对坡耕地及陡坡地进行开垦，导致生态环境恶化。

三峡库区涉及移民的 19 个区县，沿长江呈带状分布，大体可划分为三个经济区域，即：以湖北武汉、宜昌市为依托的坝区经济区，以重庆市万州区为中心的腹地经济区，以重庆市主城及重庆涪陵区为依托的库尾经济区。对这 19 个区县经济发展的研究中可以看出（图 3-3），三峡工程建设以来，坝区和库尾地区发展较快，到 2008 年，有的区县主要经济指标已经达到西部地区的领先水平和超过全国平均水平，如湖北的夷陵区、重庆渝北区和涪陵区。然而，三峡库区腹地 9 个移民区县经济发展则相对落后。库区经济发展呈东西好、中间差的局面（陈国建等，2009）。到 2013 年，各个区县人均 GDP 相比 2008 年均有较大程度的增长，渝北区、涪陵区和夷陵区仍排在前列，且均达到 60 000 元以上，19 个区县人均 GDP 大小的排序与 2008 年相同。

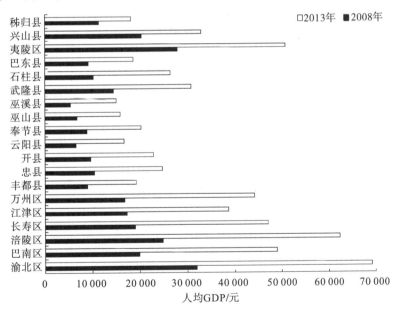

图 3-3　2008 和 2013 年三峡库区 19 个县（区县）经济水平比较示意图

道路作为人类活动的主要通道和产物，它对促进地区社会经济与文化发展起着十分重要的作用。三峡工程的建设和发展，尤其是高等级公路修建及沿江房地产开发，已经成为当前重庆三峡库区水土流失的重要原因之一。据统计，重庆三峡库区等级公路里程从 2004 年 14 181km 增加到 2005 年的 16 228km，增长率达 10% 以上；城乡房屋施工和竣工面积从 2000 年的 6655.64 万 m² 增长到 2005 年的 12 093.44 万 m²，年平均增速

12.7%；2002 年以来，城市建设用地面积年均增长 6% 以上。道路建设造成土地损毁，使土壤的物理性状受到显著影响。土壤质地变差，使土壤肥力下降，同时降低了土壤抗蚀性和通透性，加大了土壤侵蚀强度(刘国辉，2007)。

此外，三峡库区重庆段产业结构中，第一产业比重偏高，约为重庆市平均水平的 2 倍，尤其以农业、牧业为主，二者合计占第一产业的 90% 以上。同时，由于生态环境的破坏和资源环境的不合理利用，导致农业生产力普遍低下，农业发展相对滞后，长期粗放式经营，依靠化肥高投入来增加产出。据统计，2005 年重庆三峡库区常用耕地有 6933.37km²，施用化肥(折纯)34.9 万 t，平均每公顷耕地使用 503kg，高出全国平均水平近 300kg，且有逐年提高的趋势。化肥的大量施用导致土壤板结变硬，入渗能力变差，造成人为水土流失。

6. 人口增长与人类活动加速三峡库区生态系统退化

(1)人口增加对三峡库区土地资源的影响

人口增加必然增加对粮食和住房以及公共设施的需求，从而导致建设用地和耕地扩张。一方面建设用地的增加造成优质耕地减少，人均耕地降低；另一方面，耕地的扩张又会导致坡地、陡坡地的增加，使林、灌、草地被破坏，大面积的毁林毁草开荒，加剧三峡库区水土流失(周彬等，2005)。修建道路、三峡水利工程等兴修活动将人为扰动地面，破坏原有植被，堆置固体废弃物或直接倾泻废弃物到河道。如果缺乏水保措施，极易造成局部地区严重的水土流失。城市人口增加，城市化迅速发展，带来城市非农业建设用地急剧扩张，城市基础设施建设和房地产开发，使城市水土流失加剧。在土地资源的有限性和土地肥力趋于下降的情况下，土地的"边际产出"也呈下降趋势(刘国辉，2007)。人口分布不合理，农村人口比例高与人力资源开发不足，限制库区经济的发展，同时也使库区本来脆弱的生态系统的土地承载力加大。

(2)人类活动对生态环境的影响

随着人口数量的增加，人类活动对库区的干扰越来越大。库区资源能源有限，人类为满足其基本生活需求，势必会加大对库区资源的开采和利用。库区现有薪炭林面积 3.883 万 km²，户平均 0.00037km²，薪柴量 237.98 万 m³，户平均 2.27m³/年。薪炭林面积比 1997 年下降了 33.7%。调查表明，薪炭林仅能满足农村能源 10.96% 的总需求量 (Xu et al.，2011)。可见，库区农村能源短缺，薪炭林的乱砍滥伐严重，薪炭林面积较 1997 年有了大幅度下降，由此引起的水土流失和生态破坏严重。为减少水土流失对库区甚至是整个长江流域的影响，同时减少人畜粪便流失对水质的影响，在库区农村用能结构上，应大力发展以沼气为纽带的生态链的建设。

三峡库区人地矛盾尖锐，经济发展落后。多年来的破坏性垦荒、乡镇企业的无序发展和新城区的开发建设，严重破坏了原有的森林植被，导致库区森林覆盖率已由 20 世纪 50 年代初的 20% 下降至 20 世纪 80 年代的 10%，沿江地带仅有 5% 左右。目前库区重庆段森林覆盖率为 21.7%，湖北库区为 32%。库区的植被正处于逆向演替状态：森林→灌丛→草丛→裸岩。森林覆盖率的下降导致三峡库区森林生态系统失调，水土保持能力下降，引起土地退化、土壤侵蚀和环境恶化(牟萍，2010)。

与此同时，滥砍滥伐森林导致生态系统的调节能力下降，水土保持和自身修复功能减弱，引起土壤侵蚀、土地退化和环境恶化，进而引起陡坡开荒种植，形成破坏植被、破坏生态系统的恶性循环。其基本过程可表示如图3-4(董杰等，2005)。

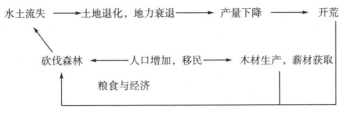

图 3-4 人类—森林—环境的循环关系

7. 三峡库区移民加速三峡库区生态系统退化

三峡水库的建设导致土地被淹没，加上移民迁建等工程，它们都引起了库区土地利用和土地覆被的变化。在国内外大型水利工程移民中，城镇淹没损失和移民人口量高于农村移民搬迁，这是三峡库区移民的一个突出特点。库区发展建设难点在移民，关键在移民，移民"搬得出，稳得住，富得起"是三峡工程安全顺利运营的关键，更是确保土地利用及生态安全的根本。

原三峡库区的好田好地主要集中在三峡工程175m水位线以下的沟谷平坝。随着库区水位的不断升高，这些当地农民赖以生存的土地已不复存在。重庆三峡库区移民达103.91万人，占三峡工程移民总数的86.2%。其中丧失耕地的农村居民有40多万人。在三峡移民工程实施过程中，大部分实行就地后靠安置，造成土地开垦过度，使本已十分脆弱的库区生态环境雪上加霜。同时，库区移民移到新的环境进行农业生产和生活，为获得与建库前相当的福祉与利益，势必面临不同主体间景观要素利用的冲突，冲突的结果势必破坏库区土地利用的生态安全态势和森林景观格局，使库区森林景观出现不同程度的退化、破碎化或修正化问题(牟萍，2010)。

三峡库区移民安置之后，对粮食生产和燃料的需求扩大，使土地压力增大，加上移民过程中城镇、房屋、道路建设等一系列活动，无疑加剧了区内的水土流失。库区移民迁建过程中，由于对水土保持工作不够重视，土壤大量开垦、生态环境被污染，森林生境被破坏，进一步加重了库区生态环境负担，造成了严重的人为水土流失。

第三节 三峡库区(重庆段)人与自然耦联系统退化分析

一、三峡库区(重庆段)人口资源承载力分析

若一个生态系统中的人口密度过高，人群活动就会渐渐集中在一个固定的区域之内，区域内的发展将从农业转向工业，对生态系统造成破坏。温室效应、光化学烟雾、水体污染、噪声污染、酸雨、臭氧层破坏、光污染等环境问题是人口密度过高导致发展重心不平衡而引起的(查中伟和刘学飞，2011)。因此对资源人口承载力进行分析极为必要，由于三峡库区相关区县数据获取的缺失，因此采用重庆市数据进行重庆市的资源人口承载力分析，以此表征三峡库区(重庆段)的相关状况。表3-3(陈超，2010；重庆市统计局，2001~2014)为1997~2013年重庆市耕地、经济和人口的相关数据。由表可知，重庆市实际人口保持增长趋势，而人均耕地随之减少，人地矛盾非常突出。

表 3-3 1997~2013 年重庆市土地人口承载力

年份	人口数量/万人	耕地面积/万公顷	GDP 总值/亿元	人均收入/元	人均耕地/(公顷/人)
1995	3001.77	352.67	1123.06	4375.43	0.117
1996	3022.77	358.57	1315.12	5022.96	0.119
1997	3042.92	360.54	1509.75	5302.05	0.118
1998	3059.69	361.44	1602.38	5442.84	0.118
1999	3072.34	359.25	1663.20	5828.43	0.117
2000	3091.09	359.08	1791.00	6176.30	0.116
2001	3097.91	355.59	1976.86	6572.30	0.115
2002	3113.83	346.46	2232.86	7238.07	0.111
2003	3130.10	330.72	2555.72	8093.67	0.106
2004	3144.23	343.60	3034.58	9220.96	0.109
2005	3169.16	344.47	3467.72	10 243.99	0.109
2006	3198.87	307.39	3907.23	11 569.74	0.096
2007	3235.32	313.47	4676.13	13 715.25	0.097
2008	3257.05	321.51	5793.66	15 708.74	0.099
2009	3275.61	330.83	6530.01	17 191.10	0.101
2010	3303.45	335.94	7925.58	19 099.73	0.102
2011	3339.46	333.25	10 011.13	20 249.7	0.100
2012	3343.44	347.77	11 409.60	39083	0.104
2013	3358.42	351.56	12 656.69	42795	0.105

根据以下公式(陈英姿和景跃军,2006;王传武,2009)计算相对耕地资源承载力(C_{rl})、相对经济资源承载力(C_{rc})、以及相对资源综合承载力(C_s),将得出的相对资源综合承载力与实际资源承载人口进行比较,即可得到不同时间段内某一区域相对于参照区的资源承载状态,这里选用全国来作为参照区(中华人民共和国国家统计局,2014)。

相对耕地资源承载力

$$C_{rl} = I_1 \times Q_1 \qquad (3-1)$$

式中,I_1 为耕地资源承载指数(I_1 为参照区的人口数量除以耕地面积),Q_1 为重庆市耕地面积,以全国作为参照区。

相对经济资源承载力

$$C_{rc} = I_c \times Q_c \qquad (3-2)$$

式中,I_c 为经济资源承载指数(I_c 为参照区的人口数量除以 GDP 总值),Q_c 为重庆市国内生产总值,以全国作为参照区。

相对资源综合承载力

$$C_s = (C_{rl} + C_{rc}) \times W(W \text{ 为权重值,取 } 0.5) \qquad (3-3)$$

相对资源综合承载力小于实际资源承载人口时,为超载状态;相对资源综合承载力大于实际资源承载人口时,为富余状态;相对资源综合承载力等于实际资源承载人口时,为临界状态。

由表 3-4 和图 3-5 可以看出,相对耕地资源承载力、相对经济资源承载力以及相对资源综合承载力在1995年至2013年间均表现出先较平稳变化、后下降、再上升的变化趋势，且三者在研究时段内数值均小于重庆市的实际资源承载人口，表明重庆市的耕地、经济和综合资源均处于超载状态。由图3-6可知重庆市的超载人口数量总体表现出了先上升后下降的趋势，2005年至2006年间的超载人口数量增加最为明显，2007年之后人口超载状况有较明显的改善，下降迅速，且在2013年减少为研究时段内的最小值，为384.47万人。表明重庆市人口与资源虽然在2007年之后有所改善，但仍极为严峻。

表3-4　1995~2013年重庆市相对资源承载力分析

年份	人口数量/万人	I_1/（人/公顷）	I_c/（人/万元）	C_{rl}	C_{rc}	C_s	超载/万人
1995	3001.77	8.08	2.03	2850.02	2274.29	2562.15	439.62
1996	3022.77	8.03	1.74	2879.95	2294.70	2587.33	435.44
1997	3042.92	8.03	1.58	2894.88	2391.01	2642.94	399.98
1998	3059.69	8.01	1.50	2896.07	2407.90	2651.99	407.70
1999	3072.34	8.04	1.42	2889.80	2364.48	2627.14	445.20
2000	3091.09	8.11	1.29	2911.76	2316.28	2614.02	477.07
2001	3097.91	8.20	1.18	2914.61	2334.64	2624.63	473.28
2002	3113.83	8.31	1.08	2877.97	2408.29	2643.13	470.70
2003	3130.10	8.48	0.96	2804.05	2446.85	2625.45	504.65
2004	3144.23	8.47	0.82	2908.69	2473.82	2691.26	452.97
2005	3169.16	8.41	0.71	2896.78	2469.40	2683.09	486.07
2006	3198.87	8.64	0.61	2655.67	2378.82	2517.25	681.62
2007	3235.32	8.61	0.50	2698.91	2319.07	2508.99	726.33
2008	3257.05	8.50	0.42	2732.34	2434.61	2583.47	673.58
2009	3275.61	8.41	0.39	2783.44	2560.62	2672.03	603.58
2010	3303.45	8.35	0.34	2803.58	2658.47	2731.03	572.42
2011	3339.46	8.30	0.29	2766.80	2878.70	2822.75	516.71
2012	3343.44	8.29	0.26	2881.57	2981.21	2931.39	412.05
2013	3358.42	8.27	0.24	2905.81	3042.09	2973.95	384.47

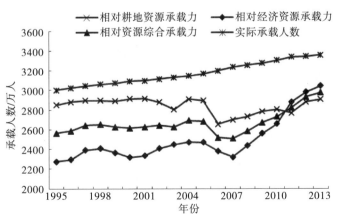

图3-5　重庆市资源人口承载力变化

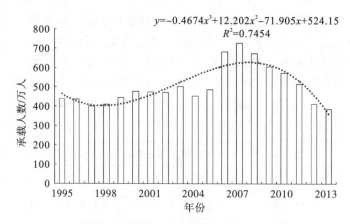

$$y=-0.4674x^3+12.202x^2-71.905x+524.15$$
$$R^2=0.7454$$

图3-6　重庆市相对资源综合承载力超载人口数量变化

二、三峡库区(重庆段)土地利用时空变化分析

(一)三峡库区土地资源特征

三峡库区内地形较为复杂,坡陡山高。随着人口的大量增加,为解决粮食问题,库区陡坡耕地面积不断扩大,目前库区范围内垦殖指数已达44.5%左右,土地大量被侵蚀(汪涛等,2011)。三峡库区土地资源总体特征为:①土地资源不足,人地矛盾突出。库区土地总量不大,人均耕地、草地、森林地均低于全国平均水平;②陡坡面积大,不利于土地的耕作。在4971.90hm²新垦耕地中,海拔高度大于500m的占56.15%,坡度大于15°的占72.42%,坡度大于25°的陡坡耕地占40.85%,耕地中有效灌溉面积少;③水土流失严重,土壤质地砂化和石质化;④工业"三废"排放,化肥、农药和化学品的应用造成农业环境和土地质量的污染(王鹏等,2004)。此外,三峡库区人多地少,人地矛盾突出,尤其是水库建设淹没大量优质耕地,人均耕地面积下降到0.04hm²左右,加上二次移民占地,人地矛盾将进一步加剧。建设用地总量的持续增加,主要是由于库区经济发展、城镇化的加速所致,造成库区土地利用较为盲目粗放(任鸿瑞,2010)。

(二)三峡库区(重庆段)土地利用时空变化分析

土地退化与土地利用类型变化有着密切联系,据中国科学院"国家基本资源环境遥感动态信息系统"中的分类含义,将库区土地分为耕地、林地、草地、水域、建设用地(城乡工矿居民用地)和未利用土地六大类型。三峡库区土地利用主要为林地和耕地,草地次之,再次是水域,林地和耕地面积约占库区总土地面积的85%(余瑞林等,2006)。根据中科院对涪陵、丰都、万州等8县(区)的抽样调查结果,不同的土地利用方式,其土地退化情况不同,由于农耕地受到的人类干扰程度较大,其水土流失面积最大,其次是草地、灌丛及林地,因此土地的利用方式影响其土地退化程度(杨柳等,2004)。研究三峡库区土地退化情况,应首先对其不同时期的土地利用类型进行统计分析。现以三峡库区汝溪河流域为例,分析其地表现状格局变化。

1. 三峡库区汝溪河流域地表现状格局分析

（1）数量变化

本研究分析了汝溪河流域 1985 年、1995 年、2000 年和 2009 年土地利用/覆被格局的变化，包括数量变化和空间变化 2 个层次。

由表 3-5 所示，1985 年至 2009 年以来，流域有林地增加了 0.66km²，增加比例 22.53%；灌木林地增加了 1.14km²，增加比例 76.51%；疏林地增加了 25.04km²，增加比例 20.87%；其他林地减少 1.15km²，减少比例 7.82%；高覆盖草地、中覆盖草地和低覆盖草地变化相对较小；河渠面积增加了 1.14km²，增加比例为 17.38%；水坑、库塘增加 0.17km²，增加比例 26.56%；城镇用地在 1985、1995 和 2000 年中未出现，但在 2009 年新增面积 0.41km²；农村居民点面积减少 0.15km²，减少比例 28.85%；山区水田增加 0.08km²，增加比例 32.00%；丘陵水田减少 14.92km²，减少比例 12.03%；平原水田减少 1.23km²，减少比例 23.38%；山区旱地增加 1.87km²，增加比例 1038.89%；丘陵旱地减少 14.57km²，减少比例 4.09%；平原旱地减少 0.07km²，减少比例 1.99%；坡度 > 25°旱地新增了 0.66km²。从变化比例来看，灌木林地、农村居民点、山区水田、山区旱地、城镇用地等地类面积变化非常显著，平均大于 30%。由此可见，随着地区经济与社会发展，农村居民点逐渐减少，新增城镇建设用地较多。

表 3-5 汝溪河流域 1985 ~ 2009 年土地利用/覆被变化

地类	1985 年面积/km²	1995 年面积/km²	2000 年面积/km²	2009 年面积/km²	1985 ~ 2009 年面积变化/km²	变化比例/Δ%
有林地	2.93	2.93	2.93	3.59	0.66	22.53
灌木林地	1.49	0.25	1.49	2.63	1.14	76.51
疏林地	119.96	121.34	119.96	145.00	25.04	20.87
其他林地	14.70	14.70	14.70	13.55	−1.15	−7.82
高覆盖度草地	9.90	12.17	9.90	9.96	0.06	0.61
中覆盖度草地	63.49	64.15	63.49	64.34	0.85	1.34
低覆盖度草地	1.03	0.34	1.03	1.04	0.01	0.97
河渠	6.56	6.56	6.56	7.70	1.14	17.38
水库、坑塘	0.64	0.64	0.64	0.81	0.17	26.56
城镇用地	—	—	—	0.41	0.41	—
农村居民点	0.52	0.41	0.61	0.37	−0.15	−28.85
山区水田	0.25	0.25	0.25	0.33	0.08	32.00
丘陵区水田	124.02	123.79	123.93	109.10	−14.92	−12.03
平原区水田	5.26	5.26	5.26	4.03	−1.23	−23.38
山区旱地	0.18	0.18	0.18	2.05	1.87	1038.89
丘陵区旱地	356.29	357.76	356.29	341.72	−14.57	−4.09
平原区旱地	3.52	2.93	3.52	3.45	−0.07	−1.99
坡度 >25°旱地	—	—	—	0.66	0.66	—

（2）流域地表格局空间变化

从图 3-7 可以看出 1985～2009 年以来，4 个时期的土地利用/覆被变化的空间格局变化：草地主要分布在流域的东北和西北部，其中在石安镇、柏家镇、紫照镇、福禄镇等乡镇之间有成片分布；有林地主要分布在咸隆镇、涂井乡等乡镇周边有一定分布；水体主要是汝溪河流域及其支流和流域南部长江的部分水域；山区旱地主要分布在流域东部，部分乡镇周边有成片分布；水田在全区皆有分布。

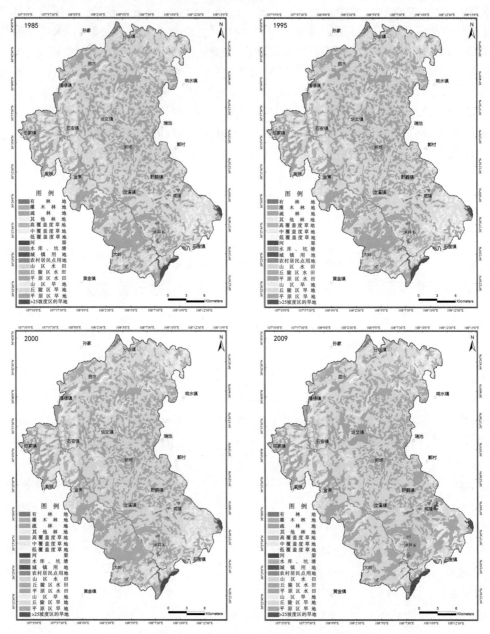

图 3-7　1985～2009 年汝溪河流域土地利用/覆被变化图

从空间变化来看：有林地在青洞子、大岭场、谢家坡、培文寨、四方山等地增加明显；灌木林地在赵家坝、桐油滩、龙家咀、庙林以东和奶子山以西等地增加显明；疏林地在磨子石、盐井沟、蔡家沟、团丁山、善庆堂、半坡、袁家堡、蒋家坝、陈家沟、老林沟、梅子沟等地增加明显；其他林地在金山寺、实灵寺、张家院子以西等地增加较多，在双河场、凉水井、中房、下坝、陈家岭减少明显；草地在寺坪、梁万寨、彭家湾、乾树明、双岭堡等地增加显著，在高家山、大屋基等地减少明显；新增城镇用地主要在分水镇，农村居民点凌海主要在阳坡、福禄场等地；水田在龙家山、老林、谭家楼子、油榨头、田湾以北等地增加较多，在聚宝场以北、谢家坝、大湾以西、毛家店、半坪与朗家坝之间、丁家沟等地减少显著；旱地在谢家坡、石桥子、半坡、盐井沟、金山寺、梨家坝、磨子石、象鼻子沟、老贯坪等地减少显明，旱地在牛头脑、高城山、二指山、黄堡、老地坝、寨坡、向家坡、大常寺等地增加明显。

2. 20 世纪 50 年代中期到 2010 年三峡库区（重庆段）分时段土地利用变化特征

据相关研究资料和调查数据（王鹏等，2004；重庆市统计局，2006，2011；余瑞林等，2006；曹银贵等，2007a，b；邵怀勇等，2008；岳巧丽，2011；Xiang et al.，2011）对 1955～1972 年、1972～1990 年、1990～1995 年、1995～2000 年以及 2000～2010 年，五个时间段内三峡库区（重庆段）土地利用变化进行统计分析，结果如表 3-6 所示。

表 3-6　1955～2010 年三峡库区（重庆段）土地利用类型结构的变化　　　　　　（hm²）

时间	类型	耕地	林地	草地	水域	建设用地	未利用地
	总转入面积	130 538.60	9027.90	32 150.10	7.00	5772.30	26.90
1955～1972	总转出面积	4816.00	15 3857.50	17 053.80	1609.90	0.00	185.60
	净变化面积	125 722.60	− 144 829.60	15 096.30	− 1602.90	5772.30	− 158.70
	总转入面积	37 082.30	2827.60	3663.90	15.70	3678.80	31.50
1972～1990	总转出面积	2823.70	30 068.70	13 117.20	1003.70	0.00	232.50
	净变化面积	34 204.60	− 27 241.10	− 9453.30	− 988.00	3768.80	− 201.00
	总转入面积	24 786.09	69 692.54	52 442.72	957.07	6179.71	0.00
1990～1995	总转出面积	68 831.87	45 518.59	37 549.60	977.21	1136.27	44.59
	净变化面积	− 44 045.78	24 173.95	14 893.12	− 20.14	5043.44	− 44.59
	总转入面积	64 129.70	33 798.97	22 051.12	1042.41	4649.85	32.82
1995～2000	总转出面积	19 401.16	59 676.49	45 288.42	678.13	660.67	0.00
	净变化面积	44 728.54	− 25 877.52	− 23 237.30	364.28	3989.18	32.82
	总转入面积	51 065.20	75 632.43	33 278.56	6432.15	6780.87	24.43
2000～2005	总转出面积	89 918.97	51 640.75	12 200.54	3010.60	2434.81	131.03
	净变化面积	− 38 853.77	23 991.68	7200.54	3421.55	4346.06	− 106.6
	总转入面积	65 378.08	64 318.34	24 007.56	5890.45	4976.58	143.47
2005～2010	总转出面积	100 607.91	38 880.10	18 751.07	3532.55	2720.50	222.35
	净变化面积	− 35 229.83	25 438.24	5256.49	2357.90	2256.08	− 78.88

　　对以上表中数据进行分析发现，1955～1990年这个时间段内，研究区内耕地增加林地减少，大量林地被垦殖为耕地（这类耕地多为陡坡旱地），部分林地被毁为荒草地。1990～1995年段内与前两个研究时段不同，该时间段内耕地、林地以及草地三种用地类型内部转换较为明显，耕地的转出面积大于其转入面积，耕地净减少。这是因为在该时段虽仍有毁林开荒的现象，但退耕还林已超过前者，陡坡耕地开始转向于林地和草地，从这一分析结果并结合相关资料来看，生态环境恶化的趋势得到了一定程度的遏制。水域面积和未利用地面积的减少少于前两个阶段，分别为20.14hm^{2}和44.59hm^2。1995～2000年间，耕地的净变化面积不同于上一阶段，在该时段内净增面积约为44 728.54hm^2；而这段时间内林地和草地的面积却与上阶段相反，净减少面积分别为25 877.52hm^{2}和23 237.30hm^2；水域面积在这段时间内也有所增加，净增面积364.28hm^2，未利用地面积变化不大，只增加32.82hm^2。2000～2005年耕地和未利用地减少，而林地、草地、建设用地以及水域面积都在增加，耕地净减面积为38 853.77hm^2，退耕还林使得耕地转化为林地和草地。水域面积净增4346.06hm^2，是因为在2003年三峡水库蓄水水位上升至135m，大量淹没耕地。2005～2010年，耕地面积仍减少，但减少面积少于2000～2005年，林地面积继续增加，草地减少，建设用地仍增加但增加少于上一时期。2000～2010年这段时间内，总体上耕地和未利用地减少，建设用地增加。

　　由于三峡库区本身的水土保持能力较差，大量林地草地被破坏将加剧区域内的水土流失，致使库区生态环境进一步恶化。被占的耕地用于建设，而被占用的耕地主要分布在城市建城区周围的优质农田和果蔬园，建设用地的扩张占用了大量优质农田，而经林地、草地转变而来的耕地，多位于自然条件较差的区域，而且土壤肥力较差，一般不适合耕作（张磊等，2007）。1995～2000年间，由于三峡工程的进一步建设造成了大量的耕地被淹没或占用，用于各种水利以及库区的基础设施建设，这样导致库区本来就紧张的耕地锐减，库区人民为解决基本生产生活问题，进而大规模毁林毁草来增加耕地。三峡工程蓄水，水淹部分陆地，因此水域面积在这段时间内有所增加。2008年度土地变更调查中建设用地减少为农用地和未利用地，其中建设用地转为未利用地较大，主要由于三峡水库蓄水淹没用地，其次是农用地中的耕地、其他农用地，主要是重庆市推行新农村建设，对废弃宅基地和集体独立工矿的复垦，以及撤乡并镇。建设用地变化幅度较大，主要是在这一时间段内，第二产业增长较快，重庆市有了突飞猛进的发展，基础设施建设提速，城乡面貌焕然一新（陈国建等，2009）。

三、三峡库区（重庆段）土壤侵蚀变化分析

（一）三峡库区水土侵蚀状况

　　三峡库区的水土流失非常严重，如表3-7（李月臣等，2008；徐昔保等，2011）所示，主要呈现出两大特点：一是水土流失的范围很广泛；二是侵蚀度极其明显，中强度侵蚀的比例较大。

表 3-7　1999～2008 年三峡库区不同侵蚀度水土流失面积动态变化

| 年份 | 水土流失面积/km² | | | | | | 占总面积比/% |
	轻度	中度	强度	极强	剧烈	总流失面积	
1999	5967.90	15 739.20	6401.30	2226.60	202.90	30 537.90	66.20
2000	26 661.60	5911.30	1008.40	245.40	53.90	33 880.60	58.60
2001	24 770.00	3495.40	472.60	100.90	25.40	28 864.30	49.90
2002	27 525.30	5696.80	1075.30	364.80	219.10	34 881.30	60.30
2003	25 237.10	7381.30	2203.30	1316.10	1378.30	37 516.10	64.90
2004	26 881.90	4572.30	641.80	152.30	47.60	32 295.90	55.90
2005	25 849.40	5272.30	1184.60	577.40	569.20	33 452.90	57.90
2006	22 281.50	1348.60	153.80	66.90	74.30	23 925.10	41.40
2007	27 168.50	6884.40	1419.30	390.30	63.30	35 925.80	62.20
2008	25 719.30	5276.00	1119.70	256.30	45.80	32 417.10	56.10

经分析，2004 年三峡库区水土流失面积达 3.23 万 km²，占库区总面积的 55.9%，库区年侵蚀量 0.9 亿 t，平均侵蚀模数 3799t/(km²·a)，比长江流域、四川、贵州和湖北高得多。根据水土流失遥感调查数据分析表明，从 1999 年到 2006 年三峡库区的水土流失量总体上呈现出了下降趋势，区域内的土壤侵蚀度也在减弱。1999 年与 2006 年的水土流失总面积分别为 30 537.9km² 和 23 925.1km²，直接减少 22.0%，减少的面积占库区流失总面积的 14.60%。

（二）三峡库区水土流失动态变化

三峡库区土地利用变化与三峡库区土地退化的总体特点表现为水土流失。严重的水土流失不仅使河道淤积，还卷走了宝贵的耕作层土壤，降低了坡耕地的土壤肥力和保墒能力，导致库区土壤出现不同程度的侵蚀，土壤贫瘠化，有些耕地就是因为土层太薄而失去了耕作价值（蔡海生等，2006）。

自 20 世纪 80 年代以来，三峡库区的水土保持工作得到了党中央、国务院和各级政府的高度重视，连续开展了近二十年的"长治"：一至七期综合治理。截至 2009 年底，重庆市共完成综合治理面积约 2.27 万 km²，水土保持总投资为 37.8 亿元，整个库区水土流失面积正逐渐减少，水土流失得到较好的控制（三峡工程重庆库区社会经济环境监测公报，2010）。根据三峡库区土壤侵蚀调查数据表明，1992～2009 年这段时间内三峡库区（重庆段）水土流失面积正逐渐减少，整个变化趋势如图 3-8（董杰等，2008；三峡工程重庆库区社会经济环境监测公报，2010；中华人名共和国水利部，2010；Li et al.，2009；Wu，2011；Xu et al.，2011）所示。

三峡库区地处长江上游与中游的结合部，是长江中下游地区的生态屏障和西部生态环境建设的重点，在促进长江沿江地区经济发展、东西部地区经济交流和西部大开发中具有十分重要的战略地位，三峡库区的水土流失具有范围广以及侵蚀强度高的特点（郭宏忠等，2010）。根据表 3-8（董杰等，2008；Li et al.，2009）中相关调查数据，对比 2009 年、2004 年、1999 年的土壤侵蚀与 1992 年的土壤侵蚀面积得知，土壤侵蚀程度明显降低，除 1999 年中度土壤侵蚀面积多于 1992 年和 2004 年之外，其他级别的侵蚀强度都呈逐年减少的趋势。这表明在这十几年里的有效治理，库区水土流失的状况得到缓解，生态环境有所改善。主要是由于采取了以工程手段为主的水土保持措施，能够大幅度减少地表径流的流量、流速和泥沙量，使得库区的水土流失面积减少的同时，水土流失的强度大幅度降低（陈国建等，2009）。

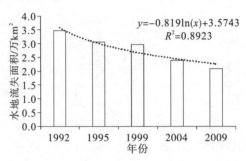

图 3-8　三峡库区（重庆段）水土流失总面积变化

表 3-8　三峡库区水土流失不同类型面积变化

年份	轻度侵蚀 /km²	占库区 面积/%	中度侵蚀 面积/km²	占库区 面积/%	强度侵蚀 面积/km²	占库区 面积/%	极强度侵蚀 面积/km²	占库区 面积/%	剧烈侵蚀 面积/km²	占库区 面积/%
1992	6129. 30	13. 28	10 527. 16	22. 81	11462. 13	24. 83	4259. 34	9. 23	2250. 87	4. 88
1995	5967. 94	12. 93	15 739. 21	34. 1	6401. 32	13. 87	2226. 64	4. 82	646. 61	0. 44
1999	5187. 92	11. 12	13 636. 82	29. 18	7114. 86	15. 23	2816. 30	6. 03	889. 36	1. 09
2004	5819. 53	12. 61	11 030. 98	23. 90	5880. 17	12. 74	1009. 12	2. 19	130. 38	0. 28
2009	5288. 46	11. 11	10 098. 34	21. 61	4632. 55	9. 91	668. 34	1. 43	146. 86	0. 31

刘爱霞等（2009）对于三峡库区土壤侵蚀遥感定量检测的研究中，对土壤侵蚀量和土壤侵蚀等级进行了统计。结果表明，三峡库区年均土壤侵蚀量为 18 476. 27 万 t/a，平均土壤侵蚀模数为 3316. 53t/（km²·a），属于中度侵蚀。从空间分布来看，土壤侵蚀较严重的地区主要分布在三峡库区中部的武隆、丰都、石柱、万州、开县、云阳、奉节、巫溪和巫山等县（区），局部地区平均土壤侵蚀模数达 165 160 t/（km²·a）以上。

针对以上年份不同程度水土流失进行分析，用水土流失严重指数（I）来表示三峡库区在某一年内单位面积平均水土流失强度，从而来判断该区域内水土流失状况。具体计算公式如下：

$$I = \sum_{i=1}^{6} \frac{M_i \times A_i}{A} (1 \leqslant i \leqslant 6) \tag{3-4}$$

式中，M_i 为某侵蚀强度的等级权重指标；A_i 表示 i 级程度侵蚀的面积；A 表示各级侵蚀面积总和；I 相当于某区域单位面积平均水土流失强度（水利部，2010）。各侵蚀程度的等级权重指标如表 3-9（水利部，2010）。

表 3-9　不同侵蚀程度的权重指标

侵蚀程度	模数中值 $t/(\mathrm{km}^2 \cdot \mathrm{a})$	权重指标 M_i
微度侵蚀	200	$M_1 = 0$
轻度侵蚀	1300	$M_2 = 1.5$
中度侵蚀	3750	$M_3 = 3$
强度侵蚀	6500	$M_4 = 6$
极强度侵蚀	11500	$M_5 = 12$
剧烈侵蚀	23000	$M_6 = 24$

根据以上公式计算得：1992 年 $I = 6.191184$，$6 < I < 12$，表明 1992 年三峡库区水土流失强度属于强度侵蚀；1995 年 $I = 4.412812$，$3 < I < 6$，表明 1995 年三峡库区水土流失强度介于中度侵蚀与强度侵蚀之间；1999 年 $I = 4.938753$，$3 < I < 6$，表明 1999 年三峡库区水土流失强度同样介于中度侵蚀与强度侵蚀之间，但略强于 1995 年；2004 年 $I = 3.864858$，2009 年 $I = 3.719017$，都是 $3 < I < 6$ 范围内，侵蚀强度属于中度侵蚀。1992 年属于强度侵蚀，以后逐年总体侵蚀程度呈下降趋势，只有 1999 年稍有增加，可能由于自然灾害或工程建设所造成。

从水土流失的强度来看，三峡库区重庆段的水土流失强度较高。在三峡库区重庆段土壤侵蚀度轻度和微度侵蚀主要分布在江津、重庆主城、长寿、兴山和宜昌等县市。不同用地类型对于土壤保持量不同，研究发现其中有林地、其他林地和高中覆盖度草地的年均土壤保持量最大，平均单位面积的土壤保持量在 $1000t/(\mathrm{km}^2 \cdot \mathrm{a})$ 左右，水田保持土壤能力最强，旱地保持土壤能力最小（王鹏等，2010）。

根据相关学者对三峡库区秭归县的土地退化进行的研究表明，不同土质的退化情况不同，研究发现秭归县的土壤退化严重情况由重到轻依次为紫色土、石灰土、黄棕壤和黄壤，撂荒地的退化比耕地严重，而在耕地当中旱地退化比水田严重（徐琪等，2000）。三峡库区土壤侵蚀类型主要以水力侵蚀中的面蚀为主，汪涛等（2011）应用分型理论对三峡库区土壤侵蚀空间变化进行的分析得出，2000 年三峡库区土壤侵蚀强度类型的面积中，微度侵蚀面积占 48.44%，而强度以上侵蚀面积占 12.79%；2009 年，各侵蚀强度类型面积大小中，微度侵蚀面积显著增加，占库区总面积的 56.08%，而轻度等级以上的侵蚀类型面积都有所下降（汪涛等，2011）。以上研究结果均表明通过近年来的生态修复及生态工程治理，三峡库区水土流失状况正在好转。

2003 年起，投入大量资金实施生态建设，库区水土流失面积以年平均 1% 的速度下降，为正在形成的三峡水库营造了一道生态屏障。根据最新的水土流失遥感调查，三峡库区的水土流失面积由 20 世纪 90 年代初期的 3.46 万 km^2 减少到 2010 年的 2.08 万 km^2，减少了近 1.4 万 km^2，减幅高达 31%，平均每年减少近一个百分点，土壤侵蚀量也减少了 27%，这一结果也表明三峡库区过去严重的水土流失已得到有效遏制，并出现良好转机（李月臣等，2008）。有关专家指出，三峡库区虽然得到了初步治理，但是现有水土流失问题依然不容忽视，目前库区水土流失面积仍有约 2.08 万 km^2，占土地总面积的 43.19%，仍然是长江流域水土流失最严重的区域之一，水土流失治理任务仍十分艰巨，需要采取新的措施来预防水土流失的加剧，同时要应用工程措施修复已经退化的土地，使得库区生态环境越来越好。

第四章　三峡库区退化生态系统修复

第一节　生态系统修复理论

生态环境为人们提供了基本的生存要素，良好、健康的生态环境是人类生存的根本保证。然而随着社会经济的发展，生产力不断提高，人类对自然资源的不合理利用造成了严重的环境问题和生态破坏，如水体富营养化、水土流失、生物多样性下降等。据统计，目前我国西部地区每年因生态环境破坏所造成的直接经济损失达 1500 亿元，占到当地同期国内生产总值的 13%（余渔，2002）。生态环境破坏的形势已相当严峻，已经危及到人类正常的生产生活活动，成为实现我国可持续发展的重大制约因素。为此研究受损生态系统的生态修复技术，改善生态环境已迫在眉睫。

一、生态系统修复的概念

生态系统修复是指对生态系统停止人为干扰，以减轻负荷压力，依靠生态系统的自我调节能力与组织能力使其向有序的方向进行演化，或者利用生态系统的这种自我恢复能力，辅以人工措施，使遭到破坏的生态系统逐步恢复或使生态系统向良性循环方向发展。

目前生态系统的修复主要致力于那些在自然突变和人类活动影响下受到破坏的自然生态系统的恢复与重建工作，恢复生态系统原本的面貌，比如被砍伐的森林要种植上树木，25°以上的坡耕地要退耕还林，让逃离的动物回到原来的生活环境中。这样，受损的生态系统得到了更好的恢复，我们将其称为"生态修复"。

生态修复是相对于生态破坏而言，在自然环境自我修复的基础上采取生态工程或生物技术手段，使受损生态系统恢复到原来或与原来相近的结构和功能状态（余新晓等，2004；彭少麟，2007）。生态系统修复的主要目的是要终止干扰因子对于生态系统的干扰以及破坏，降低生态系统的外界负荷量，不断增强生态系统自身的适应性、调控能力等，并且按照其发展规律向前演替，经过长时间的缓慢修复，最终使得生态系统的稳定性能够达到受到干扰前的初始状态，恢复原有的功能（黄金国，2005）。为了加快生态系统的恢复，可以引入人工促进作用，进而缩短恢复的时间，这种过程被称为生态系统的人工修复。但是在生态系统的修复过程中，不能够引入过多的人为因子，只能进行少量的人工辅助，其修复过程应主要来自于自然演变（刘国彬等，2009）。通过这样的过程可以加速生态系统中地表植被的恢复，降低水土流失的严重程度，阻止生态系统的恶化（Gaudet et al.，1997），为生态系统的全方位修复奠定基础。

近年来也有学者认为生态修复的概念应包括生态恢复、重建和改建，其内涵大体上可以理解为通过外界力量使受损（开挖、占压、污染、全球气候变化、自然灾害等）生态系统得到恢复、重建或改建（得到修复后的生态系统不一定完全与原来的相同）。从这个意义上讲，我国的生态修复可以从四个层面去理解：第一个层面是污染环境的修复，即传统的环境生态修复工程概念。第二个层面是大规模人为扰动和破坏生态系统（非污染生态系统）的修复，即开发建设项目的生态修复。第三个层面是大规模农林牧业生产活动破坏的森林和草地生态系统的修复，即人口密集农牧业区的生态修复。第四个层面是小规模人类活动或完全由于自然原因（森林火灾、雪线上升等）造成的退化生态系统的修复。生态系统的修复有狭义和广义两种。狭义的生态系统修复是指恢复到受损前生态系统的原貌；广义的生态系统修复是再建一个与原先不同的，但与当地环境相适应的、符合发展要求的生态系统。

二、生态系统修复的方式

现阶段有关生态修复研究方面的成果比较丰富，学者们已经总结出了一系列的生态修复原理与技术。例如生物修复技术、物理修复技术、化学修复技术等。对生态环境污染程度的评估及判定标准也比较全面，内容丰富。综合而言，生态修复分为自然修复、人工修复、自然修复与人工修复相结合以及刚刚兴起的近自然修复。

自然修复是利用生态系统的自我调节能力与恢复能力，在人类不施加任何外加条件时自行恢复受损的生态系统的结构与功能的过程。这种修复方式适用于恢复性较强的生态系统，并且不耗费人力物力，是利用大自然的能力，通过系统自我组织、自我调控、自我更新来自行修复的一种方式。但这种修复方式最大的弊端就是修复的能力有限，在生态系统遭到严重的破坏时，这种修复所产生的效果就相对较小，此时单纯依靠自然修复已无法恢复到生态系统的初始状态。

人工修复是指利用人类外在的力量来修复受损的生态系统，主要是强调人类在生态修复中的重要作用（李静文等，2010）。通过人为的一些活动，营造一个有利于动植物生存发展的空间，进而改善受损的生态系统。该方法尽管需要消耗大量的人力财力，但治理效果相对于自然修复较好，但也存在一定的不足，如单纯的人为修复受损的生态系统，修复后的生态系统不够稳定，并且很容易改变原来生态系统的结构与功能，相比天然的生态系统仍然存在一定差距。

因此，考虑到自然修复与人工修复的不足之处，目前生态修复中广泛应用的是自然修复与人工修复相结合的办法。先通过人工修复来修复那些受损比较严重的、自然修复无法修复的生态系统，渐渐地生态系统的结构与功能有所改善，然后再通过自然修复的方式来维持这种稳态，彻底地改善受损生态系统的结构与功能。

近自然修复方式最早由德国学者 Seifert（1983）提出，即以接近自然、廉价并保持景观的方法来治理受损生态系统。该方式优势颇多，在修复中可以将改变原有生态系统结构和功能的程度控制到最小，基本以自然的方式来改变，但唯一的不足就是该方法在我国还处于起步阶段，多以理论研究为主，实际应用的例子不多见，还有待进一步的研究。

三、生态系统修复的意义

生态系统的修复着重体现了人与自然和谐统一的重要性。对生态系统采取修复措施，就是要使天、地、人三方面因素相互协调，共同融合（彭少麟等，2003）。生态系统严重退化的事实告诉我们，人类单纯地认为要对经济进行发展，就势必要对生态环境产生一定的破坏作用，并且这种破坏是不可避免的，这种认识是错误的，违背了自然平衡的规律，同时给我们带来了太多的痛苦和损失。为了减少这些不必要的矛盾，生态系统的修复成为当务之急。我们必须充分利用自然因子建立良性的生态系统循环对生态环境进行修复。对目前生态系统的修复和保护可能要损失一部分的利益，但着眼于未来，生态环境的良好、稳定的发展可以给我们带来更丰富的经济价值（洪双旌，2004）。

四、生态系统修复的原则

生态系统的修复必须建立在符合自然发展规律的基础上，制订合理的技术标准，并且方法为社会所接受，经济上可行，使已经退化的生态系统重新获得新生。生态系统的修复原则主要包括以下几个方面。

（1）自然法则。生态系统的修复必须遵循自然法则，只有遵守自然规律的生态系统修复才是真正意义上的修复。如果违背了自然规律法则，那么这样的修复过程也不能够达到既定目标。

（2）生态学原则。生态系统修复过程中要考虑到生态系统的生态演替规律、生物多样性和生态位等理论原则。采用分步走的办法，每一步都要符合生态系统的发展特征，优先考虑物质流和能量流恢复因素，分步骤分阶段地实施修复措施（谢红勇等，2004）。

（3）地域性原则。每一个生态系统都有着自身独特的地理位置、气候特点、类型、功能和经济基础等因素（孙毅等，2007），因此在进行修复时应该对症下药，制定适当的生态系统修复的策略、指标体系和技术途径（刘永红等，2011）。

（4）最大效益和最小风险原则。任何生态系统遭受破坏以后，要想将其恢复到原有的状态，是一项耗资大、技术性高、时间长的工作。而且由于环境变化的突然性和人们对环境细节了解的局限性，导致生态修复过程具有一定的风险性。因此，在实际考虑对生态系统进行修复的过程中，应该充分意识到风险系数的评估措施，要对修复计划的投资进行一个大致估算，最后对整个项目计划进行分析和论证，力求将风险降到最低程度，同时获得最大的效益。

（5）重点原则。不同生态系统在大环境下的定位和作用不同，因此，要结合实际情况，突出生态系统修复和整治的重点。例如三峡库区的生态修复，在保证生态系统组分和功能健康的同时，要重点对人为因素造成的水体污染进行整治，对于带有污染性质的重点工矿企业要加强防范，保证库区水体的质量。

（6）美学原则。人作为当今生态系统最重要的一个组分，在生态系统中具有重要的作用，因此，在生态系统恢复过程中及恢复后，要兼顾生态系统给人的美学享受（Rapport，1998）。

（7）持续性原则。生态系统的修复是一项长期的环境保护工程，如果要收获良好的效果，在进行生态系统的恢复过程中，要秉持可持续发展原则，走可持续发展的道路。

五、生态系统修复的步骤

当外界干扰因子持续作用于生态系统，造成对生态系统的严重破坏时，如果此时不采取有效的行为措施加以制止，那么生态系统的退化会愈演愈烈，直到丧失全部的生态系统功能（米文宝等，2006）。如果要对该生态系统进行修复，应当遵循以下事项。

（1）尽可能地减少、降低外界干扰因子对于生态系统的持续性干扰作用，例如不恰当的农业生产活动。

（2）对于正在退化的生态系统，要及时进行科学的调查分析，形成调查分析报告。

（3）根据科学的调查结果报告，结合生态系统的实际情况，制定出合理的生态系统修复方案，进行具体的修复设计。

（4）实施具体的生态系统修复方案，重点方面为生态系统的结构修复和生态系统的功能修复。

总之，进行生态系统的修复首先应该遵循生态修复的理论基础。一方面应使生态系统通过保护让其自然恢复，另一方面通过生态技术或者生态工程对退化或者消失的生态系统进行修复或者重建，再现干扰前的结构和功能，以及相关的理化、生物学过程，让生态系统发挥原本的作用。

生态系统修复创造了"以小促大"的防治新方法（董杰等，2010），"以小促大"的方法就是通过小范围的治理开发达到大面积的植被恢复保护。在实施该方法的过程中，一定要注意采取必要的人为保护措施，加强人工治理（孔红梅等，1998），这样才能够有效地促使生态系统更好地恢复。当然，修复过程应该分阶段进行完成：

第一阶段：实地考察和前期准备工作。这一阶段的主要目的是在经过理论上的论证和分析之后，对要进行生态修复的生态系统进行实地考察，了解各种地形因素、气候特点、水文情况、受污染的程度和种类等等，然后制定出一系列计划策略，确定所要采用的技术修复措施及途径。

第二阶段：生态修复阶段。这一阶段主要是按照制定出的计划，对目标生态系统进行分步修复。首先通过技术手段修复生境，包括基底修复、水环境修复和土壤修复等；其间会使用到各种各样的技术手段如：水土流失控制技术、污水处理技术、水体富营养化控制技术等等。然后对生态系统的生物进行恢复，目标是将目前生态系统的生物缺失、食物链的破损进行修补，达到未受到破坏时的状态。一般采用的是物种保护、种群动态监测等手段进行。第三步是修复植被，在对生态系统中组成的植物种类进行了解之后，复原受到破坏前的植被类型与覆盖区域，选择适宜植物、采用植物护坡法等手段进行植被修复。

第三阶段：维护和观察阶段。生态系统修复是一个缓慢长时间的过程，当技术措施使用完成以后，在相当长的一段时间内还要对这个系统进行跟踪监测，获取各种数据，进行分析评价，同时还应考虑到各种环境因素的变化带来的影响，及时地做好维护工作。

第二节 三峡库区生态系统修复的必要性及面临的难题

一、三峡库区生态系统修复的必要性与重要性

三峡库区地质地貌特殊复杂，坡度大，土层瘠薄，并且土壤以紫色土、红壤和石灰岩母质土壤为主，土壤的保水能力较差（罗跃初等，2003）。另一方面，随着经济的发展，库区人口数量急剧增加，人为干扰活动加大，使库区土壤侵蚀和水土流失问题日益加剧、植被大幅度减少、环境污染问题严重、水质下降，生态环境遭到破坏。此外，移民的安

置，县城、集镇、公路和码头等的修建使库区生态系统面临大幅度的扰乱与重建。

三峡库区生态系统作为我国重点治理的生态系统之一，其目的在于使库区内的三峡大坝能够在稳定的生态系统中发挥重要的经济战略作用，促进自然资源的合理、可持续性利用。然而，大型水库的修建对所在区域的生态系统产生全面而深刻的影响，受影响区域生态系统会反过来影响水库的生态环境安全。随着三峡库区不断尝试175m的蓄水能力，库区两岸生态系统进一步恶化，库岸带的水土流失加剧、植被退化显著，因此，不得不形成一套有效的措施来减缓由于三峡大坝的蓄水造成的生态危机（肖天贵等，2001）。

三峡库区生态系统的治理必须做到查清退化原因和关键问题，力求释放和恢复自然潜力，只有通过生态系统的修复作用，才能符合自然规律和可持续发展的规律，符合我国"以人为本"的发展原则，对于达到可持续发展的目标具有重要的意义（魏启扬，2000）。

二、三峡库区生态系统修复面临的难题

（一）库区移民安置的长期性

所谓库区移民搬出的长期性就是不仅要让库区移民愿意搬出来，而且搬出来之后要有稳定的生活，更好的生活。现在的重点应放在移民的后续稳定和政策补偿上，根据水库的不同性质和收益情况，对移民采取相应合理的补偿措施，也就是说针对战略性、公益性、经济性的水库，也应该有不同的补偿政策，让移民有稳定的职业，过上比搬迁之前更好的生活。同时，三峡库区应该走"生态经济"的发展道路，在国家政策的扶持下，逐步建成"生态经济区"。构建具有现代生态特色的工业、农业、林业、物流和生态旅游发展体系，实现库区经济的独立。只有做好这些，才能解决库区移民搬出的长期性难题。

（二）生态修复中的效益问题

生态工程修复中的效益问题主要与技术支撑度、经济扶持度、生态措施关联度这三个方面有关。任何一个生态系统的修复与重建必须有一个科学的指导体系，否则，修复之后的收效不大，而且一些新的环境问题可能随之而生。比如，一些较陡峭的坡地退耕还林时，树种的选择不当，导致效果不好，得不到很好的经济和生态效益；在退耕还林的同时，应该给予农民一定的经济支持，防止农民对退耕的土地进行重新开垦，并进行定期的管理维护，否则达不到退耕还林的目的，反而导致退耕还林的土地又出现返耕的现象。三峡库区有很多生态环境修复项目，很多不同的管理部门，如"天保工程""农业综合开发工程""生物工程""退耕还林还草工程"等（许文年等，2005；蒋佩华等，2006），要很好地进行生态环境修复，各部门必须站在一条战线上，协同完成各项工程。

（三）生态修复中的意识和法制问题

当地一些管理部门的环境保护意识非常薄弱，加上环保方面的法律政策还不够完善（张凤龙等，2010），导致一些部门只顾眼前的利益，以牺牲环境为代价，大面积地进行挖掘、采伐、填放垃圾和杂乱建筑。加之地方、部门和行业保护主义的广泛存在，他们

无视法律的存在，对环保工作不了解，也不予支持，环境遭到破坏也不予治理。因此，在做好其他方面的工作的同时，还应完善环保方面的法律政策，加强相关部门及民众的环境保护意识，切实做好生态修复工作。

第三节 三峡库区生态系统修复的措施及技术

一、三峡库区生态系统修复的措施及技术

目前，生态修复技术体系主要是通过减少或杜绝人类对生态系统的干扰和破坏，辅以人工修复技术手段达到生态修复的目标。近些年，我国通过对生态修复技术的研究与实践，根据我国自身的特点形成了一些较为成熟的生态系统修复技术体系，如封山育林技术体系（余新晓等，2004）、小流域综合治理技术体系（王震洪等，2000；杨京平等，2002）等。封山育林是对具有残存植被的荒山进行封禁，依靠天然种或人工种，加以人工培育，恢复和发展森林植被的一种方法。

国内很多学者对生态修复做了研究，他们的研究大多都是运用某一特定技术手段对某一生态问题进行修复。裴广领等（2011）对污染土壤生态修复技术的研究现状和展望做了阐述，介绍了生物修复技术，主要包括微生物修复、植物修复、动物修复以及联合修复等几种方式。闫玉华等（2008）通过构建大薸（*Pistia stratiotes*）、苦草（*Vallisneria natans*）与鲢鱼（*Hypophthalmichthys molitrix*）组成的生态系统对库湾水体富营养化进行了修复研究，结果表明该生态系统能够有效去除水体氮、磷营养元素，抑制藻类异常增殖，恢复良好的水体生态功能。

大量的研究表明，随着社会经济的发展，生态环境的退化越来越严重，已成为制约我国可持续发展的一个重要因素，必须引起高度重视。然而，对受损或破坏的生态环境的修复是一项十分复杂的技术体系，无论在时间还是空间上都有差异性。我国在生态修复这方面的研究起步较晚，理论基础及技术手段仍然不完善。笔者认为目前的生态修复应注重以下几个方面。

（1）生态修复是一项复杂的系统工程，虽然对生态系统修复已做过大量研究，但是其基本理论体系和技术手段体系尚未成熟，会导致在修复过程中方法应用上的盲目和不确定性。

（2）应该加强不同的生态系统修复之间的比对研究。生态系统不是单一地存在，彼此之间有着复杂的联系，存在着物质循环、能量流动、信息传递等过程。对某个子系统的修复会影响到其他子系统，应着重不同子系统之间联系的研究。

（3）随着科学技术的进步，生态修复的技术手段也应与时俱进，应利用新的科技产生新的修复技术。

（4）受损生态环境的修复是一个缓慢的过程，其间还有很多不确定因素，在对受损生态环境进行修复后，应避免生态环境再次受损或破坏。

针对三峡库区生态系统的特殊性，三峡库区的生态系统修复可采取以下措施和技术：

（一）三峡库区生态修复的措施和效益

1. 三峡库区生态修复的措施

（1）在长江中上游可以采取天然林资源保护工程，简称"天保工程"。即通过天然林禁伐和减少商品木材产量、分批安置林区职工等措施实现恢复目的。实施天保工程，可使工程区新林草面积增加，进而使工程区的生态状况有所好转（图4-1），改善林区民生问题，加强林区资源的保护，优化工程区产业结构，实现森林资源从过度开发逐渐走向恢复，改善生态急剧恶化的状况，经济发展由举步维艰走向全面发展。该工程对促进库区森林植被的恢复，减少水库泥沙淤积，确保南水北调工程的建设成效都有非常重要的意义（陈明祥，2010；赵树丛，2011）。在资源方面，要使森林资源的恢复性增长转变为质量的提高。在生态方面，生态状况由开始的明显好转向进一步改善转变。天保工程可以在一定程度上减少水土流失，增加工程区内的生物多样性。在经济和民生方面，发展生态经济，实现经济的稳定与可持续发展。应尽量满足库区人民的转业就业问题，确保人民生活稳定，为完成这一目标，必须付出艰辛的努力。

图4-1　三峡库区次生天然林保护

（2）在库区及水位以上的长江两岸实施长期的护岸林生态建设。长江两岸特殊的生态区位、脆弱的生态状况，决定了长江护岸林生态建设的长期性、艰巨性和紧迫性。加快护岸林工程建设，是增强应对全球气候变化能力，增加森林碳汇功能的需要；是保障经济社会可持续发展，促进农牧民增收的需要；也是进一步改善流域范围内生态状况，建设长江流域重要生态屏障的需要。

（3）在水库周围，可以实施水系森林工程（黄彬，2010），即在水库周围的正常蓄水位以上至水平距离100m范围内构建水系森林带。

2. 三峡库区生态修复的效益

（1）生态效益。生态工程建设可以使森林资源的总量和质量在很大程度上有所提升，森林生态系统的结构将更加完善（傅伯杰等，2001）。通过生态工程的建设，库区森林在涵养水源、净化空气和水土保持等方面的作用更加明显，为三峡水库等大型水利设施的良好作用发挥奠定坚实的基础，在此过程中做好村级生态工程建设尤为重要，如三峡库区云阳县黄石村的生态产业发展。数据统计表明，长江流域一带的森林覆盖率超过了33%，在一定程度上控制了三峡库区的水土流失（Zhang et al.，2009），水土流失面积中的强度侵蚀部分大幅度减少，区域内的生态环境明显好转，一些细小的支流已经恢复了原来清澈的面貌（张晓红等，2007）。同时，三峡水库库底泥沙的淤积也明显减少，水利工程的功能作用得到良好发挥，有些地区已形成优美的生态景观（Qian et al.，1993；肖文发等，2004）。

（2）经济效益。根据生态工程建设需要把长江上游、长江两岸、库区周围纳入统一规划，遵循抓住关键、因地制宜、因害设防的规划原则（陈雅棠等，2007）。对自然条件、自然灾害和社会条件不同的区域进行分类，建设相应的天保工程、防护林和水系工程林，发挥各林种的功能作用。通过生态工程建设，增强库区抵抗干旱、洪涝、风沙、台风等自然灾害的能力，构建良好的生态屏障，为三峡库区工农业经济的可持续发展提供保障，明显提高库区农民的生活质量。为此，在进行三峡库区生态工程建设时，把农村农业经济、提高农民生活水平与工程建设相结合，构建一个商业经济林区，包括用材林、经济林、薪炭林等，这样库区的林木资源就有了一定储蓄，木材市场供需有望得到缓解（郑钦玉等，2005；四川省财政厅，2009）。森林资源丰富了，可以在一定程度上促进养殖业和苗木等种植业的发展，同时也可推进木材加工、森林食品以及森林旅游等一些副业的发展。

（3）社会效益。三峡库区生态工程建设对全社会生态意识的提高有着非常积极的促进作用，在很大程度上扭转了全社会对林业资源不够重视的发展观念。同时，生态工程建设可为三峡库区林农就业提供条件，构建林区稳定的生活环境（马克明等，2001）。库区农民可以通过利用森林旅游的有利条件，迅速发展"农家乐"等地方特色餐饮业，在一定程度上促进库区农民的增收（刘晓辉等，2008）。另外，三峡库区生态工程在建设思路、组织形式、工程管理、治理模式等方面开展大量的有益探索，为以后的生态工程建设创立一套比较完善的方案，起到良好的示范作用，成为我国促进生态与经济协调发展的标志性工程，显著地提升我国在国际上重视生态环境保护的良好形象。

3. 三峡库区生态系统修复建议

三峡库区生态系统修复工作是一个漫长的过程，其资源投入、技术投入相对庞大。对于三峡库区生态系统修复计划，不能仅仅停留在简单的环境保护方面，还应该注意到生态环境和人类社会的互相关联以及在空间、物质和能量上的互相交换。在对三峡库区生态系统进行修复的过程中，我们应该对三峡库区生态系统的特点进行分析和研究，采用科学合理的物理、化学和生物修复方法，对症下药，力求做到修复完善生态系统本身的功能和组成结构，并对大环境产生更加有利的影响。同时，我们提出以下建议。

（1）加大水土保持措施的科技含量，提高水土保持综合效益，形成一套基于水土流失治理的流域经营管理及农村生态经济建设的综合技术体系和优化模式。

（2）严格项目建设管理，遏制人为水土流失，积极创新机制，探索治理模式。

（3）明确三峡库区生态系统内部各组分的作用，针对不同的组分实施分类或综合的保护措施；根据三峡库区内的土地利用情况，科学实施人工造林、封山育林、幼林抚育和低产低效林改造。

（4）扩大天保工程实施时间、范围，进一步完善补偿机制和管护机制。

（5）适度地开发商业性林木资源，并由林木所有者自主利用，强化森林植被的恢复及森林的经营。

（6）对库区林业经营体制和森工企业的管理体制进行改革，支持库区生态产业的发展，同时加强林区员工能力建设，着力提高当地群众生活水平。

（二）三峡库区生态系统修复技术

1. 改良库区范围内的局部地貌

改良库区范围内的局部地貌（陈国阶，1995）可以形成不同的水流变化特性，这样可以为不同类型的生物提供适宜生存的环境。比如在库边建设小型堰和导流装置能起分流作用，形成浅滩，一定程度上提高水流速度，为库区生物创造更多适宜生存的栖息环境。在上游较浅的河段，可以建设翼形装置来减小河床所受到的冲刷。这项技术也许不太适宜深水库区的改良，但在一些地段可考虑研究利用。

2. 重新规划自然环境

重新规划自然环境这项技术从德国、瑞士、美国、日本等国首先提出的"重新自然化"理念演变而来，该技术一般在经济发达的国家使用，通过重新规划、改变并调整控制原有的自然水文条件，最大程度地修复受损的生态系统（Bain et al.，2000）。其主要目标是将破坏的生态系统修复到几乎接近天然的环境，由特定的水文水力过程维持原有的生态系统平衡。尽管收到的生态环境效应很好，但付出的经济代价较高。

3. 岸区生态系统防护技术

岸区生态系统防护技术是利用生物技术对生态系统进行防护的方法。这项技术在我国首次应用是在上海的一条河流生态系统的修复中，一般采用就地取植物的方法进行修复，也可以引进一些适宜的植物。这项技术应用以来，库区水土侵蚀度明显减少，适宜生物生存的环境增多，生物多样性也随之增加，景观效果突出，生态效益得到很大的提高。

4. 工程调水

通过工程调水，可以将库区水输送到下游，这样可以使下游两岸的地下水水位在干旱时段明显升高，土壤盐度得到调整，植被多样性得到更好的保护，使生态系统充满生机（Zhou et al.，2005）。

三峡库区生态系统属于典型的水陆交错带生态系统，修复和治理这样一个巨大的水陆交错生态系统，我们必须把生物措施与生态工程措施综合起来考虑。生物措施主要用于植被恢复、水土保持和防护林建设等方面，具有很大的经济效益和生态效益；而工程措施作为一些基础性的巩固措施，为生物措施创立前提保障，特别是对滑坡和泥石流等的防治方面起着重要作用。工程措施主要用于一些细小支流的治理，这主要是由于工程措施建造昂贵并且需要花费大笔资金用于管理维护，并且随着时间的推移，工程会老化破损，不能很好地长期保持其有效性，最终还很可能带来灾难。生物措施则具有它的优越性，它具备长期性，时间越久，生物措施变得更加牢固，生物措施创造的是一个个的"生命绿洲"。美国森林水文学家 Reehard Lee 认为二者分别起到 40% 和 60% 的作用（刘信安等，2004）。

三峡库区生态系统修复涉及多尺度、多目标，如条件许可，在规划研究阶段应尽量采用较大的尺度,设计阶段尺度可适当缩小,而对一个明显局部性问题则可采取更小的尺度(夏梦河等,2006)。三峡库区生态系统修复还涉及多学科、多部门和不同利益群体,实践中不同部门之间应加强沟通,协调不同群体的利益,兼顾生态环境和长短期经济利益(孙亚东等,2007)。我国三峡库区生态系统修复的实践,在借鉴发达国家经验的同时,应立足国情,综合考虑我国的发展状况以及自然条件,研究适合的战略方针、理论技术(董哲仁,2004)。现阶段我国多数地区还难以按照西方发达国家的标准修复库区生态系统。值得提倡的技术路线是充分利用生态系统自身的调控功能,实现生态系统的自我修复,重点是减轻对库区生态系统的胁迫,包括治理和控制水污染,保持最低生态需水量等(董哲仁,2004)。

二、三峡库区库岸生态系统修复

我国具有丰富的水力资源,随着水利资源的开发与利用,各类水利工程开始建设,库岸带旅游业也得到迅速发展。库岸带旅游业在满足人类经济需求的同时,不可避免地造成了各类环境问题,这类环境问题在库岸带地区的表现尤为突出。一方面,人类社会经济建设活动往往会对自然生态系统的平衡与稳定产生强烈的影响,如库岸带地区耕地的开发、建房、筑路等人类活动均会伴随着大量植被的砍伐以及人为的地面平整,破坏植被以及自然生态环境,降低土壤的稳定性。另一方面,水利工程为满足发电的需要,其蓄水与放水产生的剧烈水文变化往往影响土壤泥沙的冲淤平衡,破坏库岸边坡原有的稳定性,从而造成滑坡、水土流失、泥石流等自然灾害。

(一)三峡库区库岸生态系统退化问题分析

1. 滑坡问题分析

水库蓄水后使原处于临空状态的河谷边坡应力状况逐渐发生变化。首先,随着水库水位上升,临空河谷边坡逐渐被淹没于水下,破坏了库岸边坡原有的自然平衡稳定条件;其次,随着库区水位的升高,边坡地下水位也相应抬高,边坡地下水位的变化致使库岸边坡的土壤应力状况发生较大变化;第三,泄洪雾化现象成为库岸边坡稳定性的一个重要影响因素,部分库区的降雨强度为特大暴雨型,远大于一般边坡所处地区降雨量;另外,水库修建后会诱发地震,地震对库岸边坡稳定性产生毁灭性的打击,尽管一般水库诱发地震震级较小,但其震源较浅,烈度往往较高,对边坡稳定影响较大(柏永岩,2005)。

总体上讲,库岸滑坡的因素可分为以下几个。

(1)地质因素。水库的蓄水排水行为导致库岸地下水埋藏条件变化和地下水位升高和降低,这改变了岩土体的应力状况、水力性质,湿化土壤,破坏土体的结构,从而大大减小了土壤的残余强度,降低了土体的抗剪强度和承载能力。

(2)地形因素。高而陡的库岸一般强度比较剧烈,所以塌岸量较大,再比如水下岸形陡直、岸前水深的库岸波浪对岸壁的作用较强等。

(3)植被因素。缺少植被,导致库岸的稳定性较差,易发生滑坡。

(4)水文因素。由于水库上游的流速较急,所以流水冲刷是水库上游库岸塌岸的重要因素。而水库下游流速较缓,一般只在洪水期才有可能造成库岸塌岸。当流速超过岩石的抗冲刷的临界流速时,岩石稳定平衡状态就会被打破,就有可能造成库岸塌岸。波浪作用对塌岸的影响表现在波浪拍击岸壁土体，产生了磨蚀和淘蚀作用，不仅会在一定的浪高带内侵蚀破坏库岸边坡，并且还会波及到水下一定深度，影响水下边坡稳定。

（5）其他因素，包括库岸形状、坡面植被情况、当地气候特点、河水中的含砂量、冻融作用、大气降水以及浮冰等（洪鑫，2011）。

总之，库岸滑坡有多方面的原因。首先库岸自身的岩土性质及地质构造条件，这是库岸发生失稳的内在因素，也是根本因素。其次是外力作用，如水库蓄水、人工开挖、降雨或加载等作用，其中地下水是诱发库岸滑坡的主要因素，在处理滑坡问题中应重点考虑。水库的运行不仅影响了库岸边坡的稳定性，同时也对库岸消落带植被产生显著负面影响，进一步加剧了滑坡问题。

2. 消落带植被退化分析

库岸带生态环境复杂，包括水体和陆地两种环境主体，是由水体、陆地以及水—陆交错带构成的复合生态系统，也是植物、动物、微生物和人类共同活动的复杂动态系统。该生态系统中，植物作为生产者，为整个系统提供物质能量，是系统稳定的基础。三峡水库蓄水后，海拔145m以下成为被永久性淹没区，145m高程以上的陆地部分将季节性地受到水流的浸润，对消落带植被产生了毁灭性的影响。由于缺少植物根系对于土壤的固定，植物的堆积物大量减少导致地表土壤裸露；当河流流经该区域时，不断有滑坡物并堆积在沿岸消落带区域内，使得消落带的结构发生改变，沉积出大量的泥沙；当水量充足时，沉积在消落带周围的泥沙会被冲进河流中导致河床的不断升高，使河流的最高平面不断上移，淹没周围包括缓冲带的植物，此时的水淹现象会造成不耐淹的植物由于缺氧而大量死亡，保留的只是少部分耐淹植物；由于植物的再次减少，会使土壤流失的现象进一步加重，形成恶性循环。在消落带的植物中，能经受住水淹并且存量较大的植物主要有狗尾草（*Setaria viridis*）、狗牙根（*Cynodon dactylon*）等，其余不能适应环境的植物会逐步向上退化，如果不及时加强保护，很有可能在消落带附近消亡，甚至灭绝，将进一步破坏库岸带生态系统的稳定性，极大影响库区生态安全。

（二）三峡库区库岸生态系统修复措施与方法

在库岸生态系统的修复中，人工修复的方法主要包括工程学和生态学两方面的方法。工程学的方法要求通过工程建造和修改地形的方法对库岸地理地质条件实施改造来达到库岸修复的目的，间接修复库岸生态系统；生态学的方法要求通过重新创造、引导或加速自然演化过程，如帮助自然把一个地区需要的基本植物和动物放到一起，提供基本的条件，然后让它通过自然演化的方法直接达到修复库岸生态系统的目的。

1. 三峡库区库岸生态系统的工程学修复方法

根据库岸工程地质条件分段及各库岸段再造预测结果，针对不同类型库岸再造段，结合库岸区域建设情况，选择合适的防护措施，以达到库岸稳定的目的，防止库岸再造，进行综合治理。

目前，在长江干流长期的冲击作用下，造成三峡库区两岸形成了大量的岩壁陡崖、碎屑陡坡、崩塌滑坡堆积体，江水侵蚀库岸带土壤的现象十分严重（杨达源等，2002）。三峡水库蓄水后，库区水位由海拔66～160m上升至170～175m，并在145～175m规律性变动。可以预见，未来几十年，三峡地区水库规律性水位变化过程将对原来的长江河谷谷坡的地貌产生深刻的影响，严重威胁沿岸局部地段的生态安全（杨达源，2006）。

按照三峡库区库岸带堆积物的不稳定程度可将其分成四级（杨达源等，2010）。

一级：稳定，几十年内不会有明显的变化。

二级：较稳定，几十年内会有较明显的变化。保持地表水流和地下渗流的畅通可减轻灾害损失。

三级：较不稳定，十几年内会有明显的变化，采取工程措施，或者选择避让可减轻灾害损失。

四级：不稳定，几年内就会有明显的变化，避让可减轻灾害损失。

鉴于这一系列严重威胁库岸安全的问题，国家已投巨资对三峡库区库岸带不稳定滑坡体进行治理，如打抗滑桩、做护岸工程等。建议凡是等级定为四、三、二的不稳定地段，应当一律采取以"避让"为主的减轻灾害损失的方法，可以进行农牧林业开发，但不建议建房盖屋，也不要建设厂矿或修建公路或公路收费站等项目，这些工程对于库岸边坡的稳定性影响较大。首先，其建造过程会较大影响边坡稳定性；其次，建成后大量的人类社会活动，也会对库岸边坡稳定性产生持续不间断的影响。这些长江三峡水库库岸消落带防治灾害的工程措施，预期能减缓库岸消落带土壤的变形速率，降低库岸消落带物质运动的总量，从而延缓库岸带新滑坡的形成以及老滑坡的复活，减小滑带土变形的剧烈程度。为了减少由库岸消落带地质灾害所造成的危害，可在长江三峡水库库岸消落带建设如下地质灾害防治工程。

（1）建立排水系统。建立完善的排水系统，包括排除地表水、地下水和截断地下水的工程等，能够有效地治理和预防三峡水库库岸消落带地质灾害。例如，在坡面上设置排水孔和排水沟，以及在地下水出露比较多的岸坡设盲沟，疏导贯通引水，能够有效地排除地下水，降低库水位的滞后效应，从而减小滑带土受到的地下水的压力，平衡库岸土壤的受力条件，从而减少库区水位骤降对岸坡造成的破坏。

（2）固坡抗滑。抗滑工程能够减缓岸坡物质的整体滑动，分散整体滑移，使其改变为个块滑移或个块滑落。常用的抗滑工程主要有抗滑锚桩、抗滑板桩和抗滑挡土墙等。当消落带有重要设施建设直接影响其安全时，可采用挡土墙加固。但这种方法只是延滞了滑坡过程，并未从根本上解决滑坡问题，当滑坡变形积累到一定程度时，下滑力超过了挡土墙的临界应力，则会引发更大规模的滑坡，加之耗时耗力，投入大量人力物力财力，所以无法广泛使用。

（3）护坡护岸。即在易受风浪或船行波侵蚀的部位，采用护坡以增强库岸的抗冲性和稳定性。护坡可采用浆砌片石、干砌片石等，有利于减弱水流对库岸的侵蚀，也有利于减弱风浪和船行波对库岸消落带的冲击作用。这种方法同样耗时耗力，也不能大量推广。

（4）植树造林。由于水库蓄水和排水活动的影响，库岸消落带植物遭受到毁灭性的影响，其生态功能极不稳定，属于脆弱的生态过渡带，生物的生长和发育极为困难。而库岸消落带的地质滑坡灾害又进一步恶化了生态环境，植被进一步被破坏，植物根系对库岸带土壤的固结作用减小，更容易发生库岸带地质灾害，如此形成恶性循环。事实上，如果在库区内选择一些适应恶劣生态环境的植物实施植树造林工程，利用植物根系的固结作用增强库岸土壤稳定性和抗冲强度，从而减少地质灾害，即可形成良性循环（周彬等，2007）。

2. 三峡库区库岸生态系统的生态学修复方法

植被作为维系生态系统中生物群落与自然环境的重要衔接者，在库岸生态系统的修复上起着举足轻重的作用。通过工程学的方法在一定程度上修复库岸生态系统的自然环境之后，紧接着要对生态系统中的生物群落进行修复。三峡库区库岸生态系统由于水位变动造成的植被退化主要发生在消落带。植被修复（vegetation restoration）是指运用生态学原理，通过保护现有植被、封山育林或营造人工林、灌、草植被，修复或重建被毁坏或被破坏的森林和其他自然生态系统，恢复其生物多样性及其生态系统的功能（程冬兵等，2006）。

国内消落带治理技术起步较晚，加上消落带问题比较特殊，治理起来较为困难，虽然任雪梅等（2006）从理论上探讨了库岸消落带植被生态工程构建的可能，但这种可能性仅仅是建立在具有土质、且坡度比较缓的边坡上，至于岩质边坡、坡度较大的区域则表示无能为力，其原因在于植被的生长需要一定的土壤条件和营养成分，如果所处的环境是岩质边坡且坡度较陡，则土质差，土壤贫瘠，不利于土壤的附着和植被的生长，种子很难发芽（许文年等，2005）。

随着对边坡防护技术的研究逐渐深入，国内已出现了许多边坡绿化技术。例如针对岩质边坡，经过实践检验的最适方法为植被混凝土护坡绿化技术和厚层基材喷射植被护坡技术，分别是三峡大学、西南交通大学的专利技术，可以较好地克服边坡土壤土质差、肥性不足的问题。两种技术的差别根本在于其不同的外在添加剂（许文年等，2004），人们可以应用该技术来进行库岸消落带的生态修复。植树种草，增加植被覆盖是非常有效的防治库岸带滑坡问题、优化消落带生态环境的一种方法。充分利用植物功能，建立植被覆盖，将对消落带的稳定以及环境优化起到十分积极的作用。例如几种被引种到工程地带进行边坡绿化和护坡常用的植物，如香根草（*Vetiveria zizanioides*），系禾本科，属多年生粗壮草本植物。其生存能力极强，具有耐高低温、耐淹、耐旱、耐瘠、耐酸碱等极限条件的优良性状，并且根系发达，具有很强的水土保持能力以及消减重金属等污染物的能力，因此被广泛应用于消落带等水土流失比较严重的地方（田胜尼等，2004；韩露等，2005；刘艳等，2006；马博英，2009）。除了香根草外，禾本科多年生草本植物芦苇（*Phragmites australis*），在防止水土流失、重金属污染、垃圾渗漏液污染、水体富营养化、藻类爆发以及固体废弃物污染等问题上也具有广泛的应用前景（冯大兰等，2006，2009）。除此之外，马跃等（2008）经过相关研究提出适宜库区消落带植被恢复的八种植物，包括秋华柳（*Salix variegata*）、南川柳（*Salix rosthornii*）、枫杨（*Pterocarya stenoptera*）、长叶水麻（*Debregeasia longifolia*）、杭子稍（*Campulotropis macrocarpa*）、小梾木（*Swida paucinervis*）、甜根子草（*Swida paucinervis*）和卡开芦（*Phragmites karka*）。消落带生态植被恢复物种应为适应消落带环境特征的物种，需要耐淹耐冲击，在保证植物成活的前提条件下，建议种植一些根系发达的物种来加强土壤的稳定性，减少地质灾害。另外，净化环境，保持水库的水质也是植被的一个重要生态功能。库区的水资源维持了库区居民的生产生活，水质的保障十分关键。因此在消落带植被的种植过程中不宜施用农药和化肥，否则将加重水资源的污染。最后，所选的生态植被最好具有一定的景观效果，达到环境效应和景观效应合一的目标（熊俊等，2011）。

第四节　三峡库区退化土地的修复

一、退化土地修复

(一)土地退化

土地资源是人类生存的基本资料和劳动对象,土地资源既具有自然属性,也具有社会属性,是生态环境当中不可或缺的组成部分,是动植物生长与生存的载体。人、土地和环境的关系是相互制约、相互影响的。在土地的利用过程中,人类根据自己的需要对土地采取不同类别和不同程度的改造,使其向人类最有益的方向发展。随着社会的发展,人类对资源的不合理利用,使得生态环境发生了很大变化,同时也引发了一些自然灾害。

土地退化是指在不利的自然因素和人类对土地的不合理利用的影响下,土地生态平衡遭到严重破坏,土壤和环境质量变劣,导致土地自我调节能力衰退,生产力下降,土地不能很好地发挥其生态功能的过程(董杰等,2008)。土地退化过程包括人类活动和居住方式所引起的风蚀、水蚀等作用,导致土壤物理、化学、生物和经济特性的恶化,自然植被的长期丧失等。土地退化结果表现为土地生产系统生物生产量的下降、土地生产能力的衰退、土地资源的丧失(罗明等,2005)。

(二)土地退化防治研究

国内外对土地退化的防治(或称修复与重建)都非常重视,并进行了大量研究。自1971年联合国粮农组织(FAO)首次提出"土地退化"并出版了《土地退化》专著以来,土地退化问题一直备受广大学者的关注,研究的重点主要是水土流失和荒漠化等问题的防治(王震洪等,2006)。

1. 水土流失的治理修复研究

美国开始研制水土流失的预测预报模型是在20世纪40年代。70年代以后,进一步将土壤侵蚀预报和土地生产力状况结合起来,建立侵蚀—生产力耦合计算模型(EPLC),并开展了横跨欧、亚、美洲若干个国家的联合研究,期望可以预报全球土壤侵蚀和粮食生产的发展趋势。另外,在水土防治的主要措施和小流域治理方面,美国把开发自然资源与水土流失防治、生态环境的保护相结合,把水土保持与农田生产力作为共同的研究目标。

我国关于水土流失的研究开始于20世纪40年代,但整体水平偏于落后。70年代才开始注重土壤侵蚀的定量研究,80年代初开展了土壤侵蚀预报的系统模型研究。近年来已在小流域的综合治理等方面,取得了世界领先水平的成果。目前采取的水土流失治理的措施包括建造植被、水土保持耕作、水土保持工程措施,或通过上述措施的复合措施。一些学者还对水蚀、风蚀所造成的水土流失开展了监测和侵蚀机理的研究,应用人工神经网络的方法预报土壤侵蚀量,取得了令人满意的效果。一些学者还对不同地区水土流失的现状、成因进行相应的分析,并提出了对应措施。总体来说,这些相关的研究在水土防治及其修复重建方面产生了积极影响,但这些工作还缺乏更多科学的连续综合的定量研究。

2. 荒漠化防治措施的研究

在荒漠化防治方面，世界各国都采取了积极的行动。1974年国际地理学会组织召开关于荒漠化防治的会议，之后1975年、1977年国际上相继召开类似专题会。1993年5月至1994年6月，联合国环境规划署完成了《国际防治荒漠化公约》的起草和制订工作。1994年10月，包括中国在内的112个国家签署并批准了《荒漠化公约》。1996年12月，联合国防治荒漠化公约正式生效，为世界各地制定防治荒漠化纲要提供了依据。有关学者对土地退化的防治及修复重建做了不少研究，提出综合整治长江中上游山地环境，合理调整土地利用结构，坚持陡坡退耕还林，推广坡地改梯田、坡地绿篱、横坡种植等措施，对城镇、矿山以及道路等进出设施实行严格的管理和检测。目前荒漠化治理方法主要有防风固沙和植物治理两种，具体措施如表4-1。

表4-1　土地荒漠化的主要治理方法

主要方法	具体措施
防风固沙	设置沙障（主要有草方格沙障、黏土沙障、篱笆沙障、立式沙障、平铺沙障等）；在沙面上覆盖致密物（以色列尝试塑料沙漠固沙法）；利用废塑料治理沙漠（利用简单工艺将废塑料改性成为固沙胶结材料，然后将其喷洒在所种植物周围的沙表面）
植物治理	在沙漠地区有计划地栽培沙生植物，营造固沙林；在沙漠边缘地带营造防风林

土地退化的防治和修复需要从政策、管理、资金、技术等多方面着手，多部门合作，经过长期深入研究，才能取得显著效果。在治理思路上，进行生态修复无疑是切实可行的。但是由于土地退化的原因，过程和后果各有不同，所以生态修复的措施和手段也各有侧重。尽管目前对土地退化的机制有了比较深刻的认识，但是生态修复的技术仍有待深入研究。

(三)退化土地修复的步骤与技术

1. 退化土地修复步骤

一个生态系统的结构和功能是综合的，当其遭到强度干扰后，会导致其严重退化，若不及时采取措施，退化状态就会进一步加剧，直至自然恢复能力丧失并长期保持退化状态。因此必要时要对退化土壤生态系统辅以人工修复措施，使其尽快恢复自然状态(董杰等，2008)。退化土地修复的一般步骤包括以下几个。

(1)停止或减缓导致现有退化的干扰，如乱砍滥伐、过度放牧、陡坡垦荒、围湖造田等。

(2)对退化土壤生态系统的退化程度、退化等级、可能修复的前景等进行调查和评价。

(3)根据退化土壤生态系统的调查结果，提出生态系统修复的规划，并进行具体修复措施的设计。

(4)根据规划要求和设计方案，实施退化土壤生态系统的修复措施，包括土壤生态系统组成要素、生态系统结构和功能的修复(王震洪等，2006)。

2. 退化土地修复技术

由于不同的土地退化生态系统存在着地域差异，加上外部的干扰类型和干扰强度也有所不同，使得土地生态系统所表现的退化类型、退化阶段、退化过程以及相关的响应机制也不尽相同。所以在不同类型的退化土地生态系统的修复过程中，其各自的修复目标、侧重点以及所选用的配套技术也不同，对于一般退化的土地生态系统而言，其修复与重建的技术体系（任海，2001）如表4-2所示。

表4-2 退化土地生态系统的修复与重建技术体系

技术体系	技术类型
土壤肥力恢复技术	少耕免耕技术；绿肥与有机肥施用技术；生物培肥技术；化学改良技术；聚土改土技术；土壤结构熟化技术
水土流失控制与水土保持技术	坡面水土保持林草技术；生物篱笆技术；土石工程技术（小水库、谷坊、鱼鳞坑等）；等高耕作技术；复合农林牧技术
土壤污染恢复控制技术	土壤生物自净技术；施加抑制剂技术；增施有机肥技术；移土客土技术；深翻埋藏技术；废弃物的资源化利用技术

此外，在退化土地实施的修复措施中，植物修复应用较多。植物修复措施就是利用植物根系（或茎叶）吸收、富集、降解或固定受污染土壤、水体和大气中重金属离子或其他污染物，以实现消除或降低污染的强度，达到修复环境的目的。植物修复主要通过以下几种方式来实现：①植物提取；②植物挥发；③根系过滤；④植物钝化。对退化的森林景观生态的修复和重建，可以实现土地利用覆被间的良性耦合，确保土地利用的生态安全格局（牟萍，2010）。因物理、化学因素引起的土壤退化治理技术较为成熟，采用传统的方法即可，如防止土壤侵蚀流失、提高肥力、消除障碍因素等，与之相比土壤生物退化的防治难度较大（薛泉宏等，2008）。

二、三峡库区退化土地修复措施

三峡库区森林覆盖率低，水土流失严重，自然灾害频繁。由于受到三峡工程的影响，土地超负荷承载，环境污染严重，生态系统抗逆能力减弱。在这样的环境背景下，生态环境一旦遭到破坏，就很难修复与重建。三峡库区生态环境修复与重建要以培养人们的环保意识为基础，先进的科学技术为依托，恢复森林植被、治理水土流失为重点，确保生态安全为核心，促进三峡库区经济、社会可持续发展为目的，不断地提出新思路、新技术、新措施来解决库区生态环境的修复与重建过程中产生的问题。

（一）三峡库区退化土地修复的综合措施

三峡库区土地退化问题，一方面是受到三峡工程建设的影响，另一方面是由于人类对土地不合理利用，实际上是"人—地—水"的矛盾问题。库区人口增长导致对耕地的需求增大，而库区经济发展与基础设施建设又使得库区耕地减少，因而迫使人们不得不通过毁林毁草、开荒种地、围湖造田来满足对耕地的需求，最终导致水土流失、洪水泛滥、生活贫困的恶性循环。对于退化土地的修复，应从分析退化土地系统是否具有可逆能力（郭宏忠等，2010）着手，采取相应的修复措施（图4-2）。

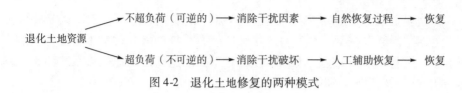

图 4-2　退化土地修复的两种模式

三峡库区治理生态环境退化一直坚持以小流域为单元，以改善库区生态环境和当地农业生产条件为中心，以坡改梯、水保林、经果林为重点，实行工程措施、植物措施、农业耕作措施相结合的山、水、田、林、路综合治理。采取工程措施、植物措施、蓄水保土耕作措施相结合，综合、科学、集中连片治理，并坚持因地制宜、分类指导、示范推动，把合理利用土地与保护水土资源有机结合起来，实现土地的可持续利用。在退化土地的修复设计当中，植被恢复是重要的手段之一。良好的植被覆盖可以有效抑制水土流失，植被由于枝叶的相互交错，对地面可以起到保护作用。此外，植被覆盖物腐烂后又可以增加土壤中有机物的含量，进一步改善土壤的理化性质。

在三峡库区，退化土地修复的政策实施方面主要以退耕还林为主，将退化的坡耕地转变为经济林果(用材林)用地。农民种植经济林果(用材林)，除了可以获得一部分国家补贴外，还可以获得经济收益，从而提高其退耕还林的积极性。此外，"天然林资源保护工程"等国家大型林业生态工程，使社区居民进入森林采伐利用的机会减少，让库区植被以自然恢复为主。20世纪50~70年代，生产关系的转变调动了农民垦荒的积极性，国家推行"以粮为纲"的政策，库区兴起了农村农业合作化和大规模农田水利建设的高潮，大面积的伐林垦荒导致耕地面积增加。70~80年代，大规模的农田水利基本建成，而适宜开垦的土地减少，导致垦荒减少，耕地面积增加趋缓。80年代以后，国家号召实施的长江上游水源涵养林工程、长江上游天然林保护工程和退耕还林还草工程，使得三峡库区的陡坡耕地部分被退还为林地和草地。90年代中期以后，在三峡工程兴建最紧张的几年，大坝合拢、大江截流、库区移民安置和城镇搬迁建设，造成耕地不同程度的减少(邵怀勇等，2008)。"以粮代赈"的退耕还林、天然林保护、沿江防护林等景观恢复工程，都是土地安全建设的典型，使原先由森林植被开垦成的农地现又重建为森林，而原先遭到破坏的林地现又逐渐恢复其近自然属性。

长江中上游地区是脆弱型生态区，处于其中的三峡库区生态环境问题突出，特别是三峡工程建设后对长江流域的生态环境带来更加深远的影响。因此，应建设水资源利用、生态环境保护的动态监测网，宜在长江上游(库区)、中游(四湖地区)、中下游(三角洲地区)建立监测站。与此同时，应加强环境科学的基础研究和应用研究，重点研究节能降耗、清洁生产、污染防治、生物多样性和生态保护、水土保持等重大环境科研课题，从可持续发展战略的高度出发，切实采用高新技术及实用技术，增加生态修复与重建的技术含量。

(二)三峡库区退化土地修复的具体措施

不同侵蚀退化程度的土壤，因其植被保存程度不同，土壤剖面构型的完整度有所差异，使得土壤的自然肥力不一，因此在修复设计中应遵循如图4-3所示的退化土地修复步骤，设计出合理修复方案。应根据研究区的土壤实际退化情况(董杰等，2008)采取相应的修复措施(表4-3)。

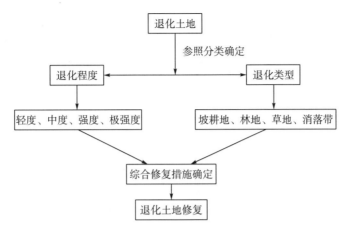

图 4-3　退化土地修复的基本步骤

表 4-3　不同侵蚀退化程度土壤的修复措施

退化程度	修复措施
轻度退化	退化土壤区实行封山育林，禁止人畜破坏，禁止砍树、割草、耙树叶、放牧等；对疏林地、灌木林地和具有残存植被的荒山进行封禁，人工培育，必要时进行补植补种，使植被和土壤肥力逐步恢复
中度退化	植被分布较均匀的地面，在其间补栽乔木或灌木；植被破坏面积较大的情况下，采取快速绿化措施
强度、极度退化	修复难度很大，首先做好水土保持工程措施，然后实施水保生物和相应的肥力恢复重建模式

　　不同土地利用方式条件下的土壤，其保水能力不同，退化机理和退化程度不同，因此恢复重建的技术措施也应不同。针对不同土地类型的退化状况进行相关修复，在自然恢复的基础上辅以工程措施，使得退化生态系统尽快得到修复。为防止三峡库区坡地土壤退化，提高土壤系统生产潜力，实现该区农业可持续发展，必须因地制宜地对不同利用方式下的退化土壤生态系统进行修复与重建，具体修复措施(蔡海生等，2006；董杰等，2008)见表 4-4。

表 4-4　不同利用方式条件下的退化土地的修复措施

退化类型	修复措施
退化坡耕地	坡改梯整治技术；农耕农艺技术(①种植技术：a. 横坡种植法，b. "目"字型种植；②覆盖技术：a. 地膜覆盖，b. 秸秆覆盖；③粮经果复合垄作技术)；植物篱生态过滤网带技术
退化林地	改进林木更新方式和营林技术；增加林地投入；开展多种经营；种植果木，重建丘陵植被；采用立体种植模式改造低产林地
退化草地	荒草地建成人工草地，采取等高带状种植法，种植品质较好及竞争力强的牧草；水土流失严重的裸地，增加植被覆盖，种植耐贫瘠的牧草品种，同时配合适当的水土保持工程

1.　三峡库区退化耕地的修复和重建

　　退化耕地的修复重建技术涵盖工程、生物以及生物—工程相结合的现代技术(Gereneveld et al.，2003)。针对引发三峡库区土地退化的因素，修复与重建技术可以从以下几个方面着手：

（1）改坡地种植为梯田种植

由于受到三峡库区地理环境因素的限制，大部分的农业种植采用的方式为坡地种植。随着生态环境的退化，土壤结构变得疏松，加之坡地的构造角度较大，造成水土流失的情况更加严重。然而，将角度大的坡耕地变为角度较前者小的梯田种植后，土地表面的径流量同比减少了62%～67%，土壤的沙化量可以减少近一倍。

虽然梯田种植好处较多，但是在修筑梯田的过程中，需要我们注意的要点也有很多。如果我们将所有的坡地都改为平地，过分讲究土地的平整性，那么往往会带来相反的效应。由于前期工程量大，投入的资金相应更多，而实际的经济效益却无法提高，这主要是由于改平后土地上实际能够种植的作物面积将减少。如将坡度为15°左右的坡地改平后，作物的种植面积大约会减少3.41%，作物的产量小于土地改造前，因而无法达到原来的经济效益（戴方喜等，2006b）。因此在修建梯田的过程中可以根据土层的深度来决定所采用的具体方法。在土层较深的地方可以修筑成水平的梯田；在土层较薄的地方，可以依据山的坡度走向修筑成沿坡方向的梯田；在不适宜进行农耕活动的地方要退耕还林。这样既能够保持水土的稳定性，又能够进行正常合理的农业活动，收获最大、最合理的生态经济效益。

（2）采用地膜覆盖技术

在农业耕地上覆盖地膜，不仅能够有效减少土壤中水分的蒸发，控制地表的径流量，涵蓄水源，而且能够对土壤层形成一种物理保护，改善土壤的结构，增加土壤的肥力，配合较高程度的水分利用率，能够让农作物更好地生长，更易于固定土壤，减少水土流失。

2. 三峡库区退化林地的修复

三峡库区2012年森林总面积约为17.9万km^2，森林的覆盖率为46.57%（中华人民共和国环境保护部，2013）。虽然森林的覆盖率较往年已经有所增长，但是增长的幅度并不显著，其中江流沿岸的覆盖率仅为5%～7%。造成这种现状的原因是大规模的开荒行为使得森林的整体盖度下降。开荒后的地表缺乏树木等植被的保护，大片的土地裸露于表面，造成水土流失。针对这样的情况，对退化林地的修复可以从以下两个方面做起：

（1）增加对于林地的管理投入，降低土地衰减

在以往的经验中，我们所关注的地方是农业耕地及作物的管理，忽视了对于库区中林地的全方位管理，造成了在林地的管理中，往往注重投入而轻视产出。林地所处的土壤肥力下降，土壤中的营养因子呈逐年减少趋势，林地生产者的生产力被大幅度削弱。因此，对于林地的管理，应该加大对投入的管理力度，制订相应的管理措施，防治地力衰退。

（2）增加人工林地经营，维护林地的可持续发展

在一部分空余的土地中，我们可以通过种植经济树种来达到保护林地的目的（图4-4），如三峡库区推广种植的特色柑橘产业。我们要充分利用现有的土地资源，使之既能够达到恢复生态系统稳定性的目的，又能够让我们收获经济利益。在退耕还林的过程中，我们可以在原有的不合理的农业耕地中种植经济水果林、防护林等，建立新型的生态林业类型，开展多种多样的经营手段，对生态系统的可持续发展产生深远影响（王海洋等，1999）。

图4-4　重庆建设三峡库区特色柑橘产业

3. 三峡库区消落带的植被修复

三峡库区整体生态环境特殊，特别是在三峡大坝建成之后，三峡库区消落带与普通的河岸带相比较，淹没期限能够长达半年之久，同时淹没的时间也会发生改变。这种人为因素的干扰，使得整个消落带区域内的原有植物生态系统遭受严重打击（虞孝感，2002），伴随着水体污染、水土流失等一系列环境问题的产生，整个三峡库区生态环境加速恶化。

对受损的三峡库区消落带进行生态修复已迫在眉睫。生态修复是改善三峡库区生态破坏的有效手段，其中可用于消落带生态植被修复的植物很多，包括香根草、狗牙根、牛鞭草［*Hemarthria compressa*（L. f.）R. Br.］、百喜草（*Paspalum notatum* Flugge）等草本植物。同时，中国是蚕丝业的发源地，桑树（*Morus alba* L.）分布遍及全国各地，而三峡库区长期以来是我国主要的蚕茧生产基地之一，现有桑树种植面积在2万公顷以上（刘芸，2011），贺秀斌等（2007）调查发现三峡库区消落带出露地表后最早生长的灌木植被为桑树。因此，结合桑树资源多样性和对环境的适应性等特点，根据三峡库区的地理条件，可选择桑树作为其生态植被修复所需树种之一，并因地制宜进行种植，以发挥桑树在三峡库区生态修复中的重要作用。此外，水杉（*Metasequoia glyptostroboides* Hu et Cheng）、落羽杉［*Taxodium distichum*（L.）Rich.］、池杉（*Taxodium ascendens* Brongn.）、柳树（*Salix matsudana* Koidz.）等也能在消落带内经过长期水淹并保持较好的存活和生长状态，也可作为消落带植被修复的适用树种（李昌晓，2010）。

原有的库岸植物由于受到三峡库区人工水文调节的影响，保留下来的植物种类主要有狗尾草、狗牙根、牛鞭草等。近年来，作者带领自己的研究团队，筛选出了能在库区消落带适生的植物种类（图4-5），如池杉、落羽杉、水杉、南川柳、湿地松（*Pinus elliottii* Engelm.）、枫杨、中华蚊母［*Distylium chinense*（Franch.）Diels］、秋华柳、芦竹（*Arundo donax* L.）、香根草、扁穗牛鞭草、狗牙根、香附子（*Cyperus rotundus* L.）等。

同时，另有报道（王勇等，2002；王翔，2014）表明：

（1）狗牙根、苏丹草［*Sorghum sudanense*（Piper）Stapf］、尼泊尔蓼（*Polygonum nepalense* Meisn.）、野地瓜藤（*Ficus tikoua* Bur.）、香根草能够在3～5个月内完成自身的生长周期，

这些植物都可以被选为三峡库区消落带生态系统修复的适生物种。特别是苏丹草能够进行快速生长，能够快速恢复消落带水位下降后的植被覆盖率。

（2）狗牙根、野地瓜藤、尼泊尔蓼的根系生长十分旺盛，能够有效控制消落带地区严重水土流失的现状。

（3）在自然条件下的水淹胁迫，尼泊尔蓼、野地瓜藤、苏丹草以及狗牙根都可以在短时期内耐水淹和耐淤积，然而水花生[*Alternanthera Philoxeroides*（Mart.）Griseb.]可以作为在水淹深处选用的植物材料。

图 4-5　西南大学生态实验园内三峡库区消落带适生植物筛选

利用筛选出的适生植物种类，作者在三峡库区消落带原位连续开展多年的生态修复试验，发现修复试验地段消落带的植被和生态环境明显改善（图 4-6）。但三峡库区生态系统及消落带的修复是一个循序渐进的过程，因此在这个过程中我们仍需要进一步加强相关的监测研究。

图 4-6　三峡库区消落带忠县试验示范基地植被修复现状

4. 三峡库区库岸带滑坡及水土流失生态修复措施

就三峡库区库岸退化生态系统修复而言，科学家们普遍认同植被生态治理为最优方案，但很多时候这始终只是建立在构想中。因为还有诸多问题并未得到有效解决，如库岸滑坡如何产生，针对其产生机理植被生态工程是否有效，植被修复过程中存在哪些问题，具体如何实施等。

三峡水库的建造及运行，影响了库岸边坡原有的自然平衡稳定条件，导致库岸边坡土壤大量流失，诱发库区古滑坡的复活或产生新的滑坡，危害水坝库岸城镇以及过往船只的安全。同时大量的泥沙流失堵塞河道，影响航运，降低了水库运行的经济效益。对于此类问题，采用的措施多数为修建挡土墙，即使用钢筋混凝土浇筑堤岸，但是这种措施也有着它的固有问题，如修建难度大、资金耗费过高、需要定期维修等，导致国家需要长期投入无数的人力、物力和财力。为解决这一问题，国内外学者从多个方面进行研究，并取得显著的成绩。科学家们普遍考虑采用生物治理措施，即在库岸带建立一个能够自我修复、稳定循环的生态系统为最优方案，能够为国家节省大量的投入（杜佐华等，1999；苏维词，2004；周彬等，2005）。尽管生物防治措施在处理库岸带滑坡问题方面起着重要的作用，但在提出生物防治措施之前，我们首先要研究滑坡产生的机理，以预测生物防治措施是否有效。

（1）三峡水库库岸滑坡及水土流失生态修复措施

1）生物防治措施有效性：经研究表明（表 4-5），有植被覆盖的区域，粒径较大的粒级所占的比例较大，在无植被覆盖的区域，其粒径较小的粒级所占的比例较大。说明植被具有固结土壤的作用，可以改善土壤状况（杜高赞等，2011）。

表 4-5　三峡库区典型消落带土壤粒径分布

样地号	植被类型	粒径组成/mm						
		2~1	1~0.5	0.5~0.25	0.25~0.05	0.05~0.02	0.02~0.002	<0.002
1	裸地	0.00	0.00	0.07	4.93	28.25	40.20	26.54
2	裸地	0.00	0.00	0.09	2.95	10.20	50.52	36.23
3	杂草1	0.00	0.00	0.02	0.35	4.74	55.62	39.27
4	杂草1	0.00	0.01	0.02	1.81	1.04	60.59	36.52
5	水稻	0.00	0.00	0.12	1.76	9.78	51.23	37.11
6	水稻	0.00	0.05	0.94	3.90	11.70	48.23	35.17
7	水稻	0.00	0.33	10.09	21.89	10.68	27.37	29.65
8	水稻	0.10	0.21	6.00	23.81	9.27	28.74	31.86
9	水稻	0.35	0.22	8.96	20.89	13.47	26.46	29.65
10	杂草1	0.00	1.66	9.80	18.44	16.88	30.34	22.88

注：植被类型为采样时的地表植被类型，裸地为地表无植被，杂草1为弃耕水田。研究区位于中国科学院成都山地灾害与环境研究所忠县站，位于重庆市忠县石宝镇新政村与共和村之间沿江阶地（108°10′E，30°25′N）。该表引自杜高赞等（2011）。

从根本上来说，消落带植物庞大的根系渗入土层，根系在土体中穿插、缠绕、网络、固结，增大了土壤与植物根系间的摩擦力。从土壤颗粒层面上来看，该作用相对于粒径较小的土壤颗粒，对粒径较大的土壤颗粒的作用更显著。因此，在风化吹蚀、流水冲刷和重力侵蚀下，粒径较小的土壤颗粒较容易被带走，较大的则会因为植被根系的作用予以保留，使土壤中粒径较大的粒级所占的比例有所提高，提高土壤的残余强度。加上植物根系穿插进入土壤，与土壤缠绕在一起，本身就构成了库岸带土壤的一部分，其自身的抗拉、抗剪切性能，也大大增强了土壤的抗剪切性能，从而达到固结、改善土壤的作用，进一步增大了库岸土壤的残余强度，从而减小块体运动，增强土体抵抗风化吹蚀、重力侵蚀的能力，抵御水流对泥沙的侵蚀，固定岩土体。

与此同时，从之前对于库岸带滑坡问题的分析中也了解到，地下水位的滞后而产生的渗流作用以及风浪的侵蚀作用，也是滑坡产生的重要机理，而消落带植被同样也可以通过吸收地表地下径流来减少水流对库岸边坡的冲刷，通过吸收作用降低渗透作用的侵蚀强度。此外，由于植被对于库岸边坡的覆盖，部分地减少了波浪对库岸的冲击。植物枝叶能拦截雨水，减少了雨滴对地面的冲溅，这些都减小了水流对库岸的不良影响，从而加强了库岸的稳定性。因此，库岸消落带植被修复后，在水生生态系统和陆生生态系统之间形成一个植被缓冲带，能够有效防止库岸带新滑坡的出现以及老滑坡的复活。滑坡问题的生物防治措施是有效的。事实上，它也是十分必要的。

2）生物防治措施必要性：水库的运行导致形成极度恶劣的植物生长条件，如贫瘠的土壤、长时间的水淹和缺乏光照等，因此库岸带上的植被几乎荡然无存。缺乏植被，土壤强度进一步降低，更容易引发滑坡现象。更重要的是，植物作为生产者，为整个系统提供物质能量，是系统稳定的基础。植物在生态系统物质循环和能量流动中起着关键作用，参与C、N、P等循环，并对生态系统的矿物质循环起重要作用。库岸带上植物的缺乏将直接导致矿质元素过量积累，环境严重恶化，出现富营养化等环境问题。因此，在库岸带建立一个能够自我修复、稳定循环的生态系统，生物防治措施是十分必要的。

3）生物防治措施可行性：既然生物防治措施被认为是十分有效并且是必要的，滑坡问题的防治应充分利用植物的生态作用，以植被修复、重建及优化为主要手段，修复库岸带植被以增强库岸带的稳定性，同时还需要分析生物防治措施的实践性与可行性。

针对三峡库区库岸带的实际情况，库岸消落带的滑坡问题及水土流失防治应当列为当前生态治理工作的重中之重。三峡库区库岸消落带总面积达440km^2，虽然有的地段坡度过大，或为坚硬的岩体，不适宜种植，但可以利用消落带坡度较小的地区，而且坡度越小，消落带面积越大。在长江的众多支流及支流入干流的库湾区，可以利用的消落带区域比较大，因此有足够的消落带土地可以用来实施植被生态修复工程。从时间上来说，根据水库的蓄排水周期，170～175m海拔高度的土地可利用的时间为270d左右，155～170m海拔高度的土地可利用时间为180d，147～155m范围的可利用时间为120d，虽然可利用时间长短不一，但都为植被的附着生长提供了宝贵的时间，因此有足够的时间实施库岸带植被生态修复工程。值得注意的是，栽植应与水库水位的调节相适应，需提前做好准备。因为水位上升的速度很快，对植被的栽植营建产生较大的影响，所以消落带的植物种植需要随时关注水位变化。此外，另一个有利因素是消落带陆地面积出露最长的时间正好是夏季，是光热水资源最集中的时段，占全年光热水资源总量的60%以上。在这一段时间内，充足的阳光、适宜的温度、丰沛的降雨都为植物的生长提供了良好的条件。所以，三峡库区库岸消落带滑坡问题及水土流失防治的生物措施是可行的。

4）生物防治措施方案：①适生植物。首先，用做滑坡生物防治措施的耐水淹植物需要适应 0~30m 的水淹深度，4~6 个月的完全水淹，水下强力水流的冲击。这需要适应性极强的植物，而这类植物少之又少，其能否克服恶劣的生长条件顽强生长，以及其生长情势好坏将直接关系到生物防治方案能否有效预防滑坡的问题。因此，三峡水库消落带适生性两栖植物选择是实现消落带植被修复、重建及优化的关键和瓶颈所在。目前通过实验研究，发现有 20 多种植物符合要求。它们具有发达的根系，高效的光合作用，能够适应长时间的水淹以及水下水流对其强烈的冲击。

目前，可直接用于三峡水库库岸滑坡及水土流失生态修复的几种常见代表性植物如下。

落羽杉：落羽杉生长的环境，主要是被草掩盖的沼泽地和季节性水淹地，生长最好的地方是河水泛滥的河流两岸。落羽杉淹水以后经过排水，气孔导度、净光合速率和呼吸速率能够迅速恢复，因此其耐水淹能力强。落羽杉的生理特性可以较好地解释其耐淹性，淹水以后落羽杉水面以下部分树干的管胞变得较宽，细胞壁较薄，树皮变薄、细胞间通气空间的发展变大，以及气生根的大量生长，这些都是对通气不良条件的适应性变化。并且淹水以后落羽杉的生长量并没有显著减少。特别是间歇性淹水，甚至对其生长还有一定的促进作用。

水杉：水杉是三峡库区库岸带典型的乡土树种，属杉科水杉属，中国特有孑遗珍贵树种；其根系发达，耐寒与耐受多种水分逆境的能力较强，具有极其重要的经济价值和观赏价值（白祯等，2011；白林利和李昌晓，2014）。白林利（2015）模拟三峡库区消落带土壤水分变化格局，以 2 年生水杉苗木为试材，设置对照组、半淹组和全淹组 3 个处理组，结果表明全淹植株呈叶芽形式，水淹植株存活率均达 100%。在淹水期间，由于抗氧化酶、渗透调节物质、光系统 II 的积极响应，水杉表现出极强的水分适应能力，可以作为三峡库区消落带植被构建的候选树种之一。

秋华柳：秋华柳的光合特性和生长特性反映出其能够很好地适应长时间的水淹环境。研究表明，经过 90d 的水淹处理，尽管全淹处理秋华柳植株的光合特性较对照组有一定程度的降低，但其光合生产能力仍相对较高（罗芳丽等，2007），这是它具有较强耐水淹性的一个重要原因。可将其作为三峡水库库岸滑坡问题及水土流失生物防治措施的树种。

狗牙根：狗牙根分布于消落带低海拔河岸段，有研究表明（王海锋，2008）淹没 180d 后其存活率可达 100%，并且在水淹处理结束之后，能够很好地恢复生长。在恢复生长的过程中，植株具有较高生长速率，可以耐受三峡水库蓄水后长达 6 个月的完全水淹环境，完全能够在消落区内低海拔河岸段存活，可作为滑坡问题生物防治措施先锋植物。

除以上植物外，还有其他一些耐淹耐旱植物可用做库岸滑坡及水土流失生态修复，如池杉、中山杉（*Taxodium hybrid* 'zhongshanshan'）、香根草、牛鞭草、李氏禾（*Leersia hexandra swartz*）等植物。

②植物配置。在充分考虑三峡库区库岸地势特征的基础上，构建由乔木、灌木、草本三层植被带组成的库岸植被体系，充分利用阳光、水、热资源，并以栽植常绿护岸林、防护林、须根系多年生草本为主体，能够达到在淹水后规律性的自我恢复能力，形成高低错落自然植被群落，建立一个良性的自我循环系统。在开展三峡库区库岸滑坡及水土流失生态修复工作时，应尽量首先选择常绿植物，这样可以减少落叶造成的潜在污染，

防止有害元素过度积累；其次，还应选择深根、耐水淹、根系发达的植物，以达到固结土壤的作用，使其能够在恶劣的淹水条件下保证成活率和较快的生长速率，并在淹水后有效迅速地恢复生长；再次，应选择无毒害植物，以保证水生、陆生动物的正常生存繁衍。

关于库岸带的植物配置，应考虑到库岸带不同的海拔高度适宜种植的物种不同。库岸消落带的上限是175m，但是波浪会影响几米的高度，因此植被生态工程以178m 以上为上限较适宜。178m 以上可种植果树，一些喜光的适宜当地气候条件的树种，如柑橘、李子(*Prunus salicina*)等。178~170m 可种植柳树、落羽杉、秋华柳等能够短时间承受水淹的树种。170m 以下应以耐淹能力强的适生乔木、灌木、草本为主，特别适宜种植多年生耐淹草本植物，如狗牙根、牛鞭草、香附子、香根草、野古草(*Arundinella anomala* Steud.)等生长快、适应性广、根系发达、耐淹性良好，并且在淹水后能够较快恢复生长的草本植物，以便消减行船波浪及风浪的冲蚀作用并固结库岸边坡土壤，增大土壤的残余强度，增强库岸的稳定性。

5. 桑树在三峡库区库岸生态系统修复中的应用

桑树是多年生的木本植物，属落叶乔木树种，在分类学中属双子叶植物，荨麻目，桑科，桑属，桑种。桑树的品种丰富，形态多样(陈春等，2004；董瑞华等，2011)，根据地域不同可划分为珠江流域广东桑类型、太湖流域湖桑类型、四川盆地嘉定桑类型、黄河下游鲁桑类型、长江中游摘桑类型、黄土高原格鲁桑类型、新疆白桑类型、东北辽桑类型等(陈春等，2004)。并且这些桑树资源具有很强的生态适应性和较高的经济价值。

(1)桑树的生态适应性特点

桑树具有一定的抗旱、抗涝特性，生态适应性较强。在2006年重庆地区大旱期间，桑树并没有枯死的现象，它利用其发达的根系来满足树体对水分的需求，生长状况良好。而对于抗涝性，栽桑学原理(张志兰等，2010)表明，桑园淹水时，土壤空气减少，造成根系呼吸障碍，影响桑根吸收养分，同时嫌气性细菌活跃，产生有毒物质，甚至出现桑根腐烂，光合产物减少，导致桑叶萎蔫黄落。在生产实践中，各蚕区在遭受暴雨洪涝灾害后，桑树生长受到严重影响。而林晓渝等(2010)通过试验发现桑树在三峡库区有良好的反季节耐淹特性。许善长等(1992)调查表明，6~8月份，随着淹涝程度的增加和时间的延长，涝害对桑园桑树生长的危害加重，淹没10天甚至可导致桑树死亡。因此在三峡库区大面积种植桑树时一定要注意水涝的问题。但相对其他一些植物而言，桑树对干旱和水涝有一定的适应性。

最适合桑树生长的土壤是肥沃疏松的土壤。但在养分相对缺乏的土壤中，它仍能生长，说明桑树对土壤具有较强的适应性。一般的桑树适宜栽植于pH 为4.5~8.5 的土壤环境，含盐量为0.2%的土壤条件下也能够很好的生长(苏国兴等，1998，1999)。而相对于北方干旱和半湿润地区以及东部沿海地区的盐碱土而言，那里的桑树由于自然选择的结果，其耐碱性更强。

天然生长的桑树一般对病虫害的抗性较小，易受病虫害干扰而影响其生长及产量。因此，运用桑树修复三峡库区库岸系统时要通过与其他物种混交栽植的方式减少病虫害的发生，使病虫害发生概率降到最低。

桑树不仅具有较强的适应性，同时它的根、枝、叶、果实也都具有很大的经济价值和广泛用途。桑根是桑树的地下部分，是桑树的主要器官。在桑园改造更新时，常常挖掘桑树，得到大量的桑根（冯义龙等，2007）。这些桑根可以用来制降压剂，护发素，有的还可以做成桑根酒和桑根茶，用途广泛。桑枝不仅用于生产桑皮纸、纤维板、栽培食用菌，而且还具有祛风通络、利关节、利水气之功能，可用于治风寒湿痹诸病、高血压及手足麻木等。桑皮可以作为书画纸的主要原料，造纸出浆率高、纸质很好，可为国家节省大量的造纸木材。而且桑皮也具有很高的药用价值，可以降血糖。桑叶是桑树的主要产物，约占地上总产量的64%（黎小萍等，2000），也是植桑养蚕的主要收获物。

（2）桑树在三峡库区生态治理中的应用

利用桑树资源多样性和对环境的较强的适应能力，结合三峡库区的地理条件，在三峡库区因地制宜的种植桑树，不仅可以从中获取收益，而且对三峡库区环境的改善和污染的修复也将起到很大的作用。尤其是利用桑树根系多、分布广、扎根深、固土能力强等特点可以有效地防治库区水土流失，进而提高三峡库区库岸生态系统的稳定性。

1）防治水土流失：米自由等（2002）认为，三峡库区水土流失的主要原因就是农区陡坡过度开垦以及顺坡耕种，因此采用大面积种植桑树的手段刚好可以控制库区的水土流失状况。由于桑树的根系极其发达，其地下根系分布的面积常为树冠投影面积的4～5倍之多，并且桑树根系的分布较深，主根系最深达8m，侧根最长超过9m，有着贮水功能很强的根系网络，并具有极强的遏制风沙、保持水土的能力。同时，陈春等（2004）通过试验也发现桑树的确具有很强的保水能力。

此外，在库区生态修复区域栽植桑树后，其繁茂的枝叶可以有效地拦截降落的雨滴，从而降低其对地面的溅蚀能力，当雨滴到达地面后，桑树发达的根系也能有效的截流，从而提高土壤的渗透能力，减缓地表径流（杜周和等，2001）。

2）防治水体富营养化：陈春等（2004）通过大面积栽种桑树，与大面积玉米地相比，观察其对水体N、P的吸收效果，发现桑树对N和P的吸收能力较强。利用其对N、P物质的吸收富集能力，可以有效地减轻水体富营养化的程度，这对于治理三峡库区水体富营养化具有一定作用。

3）固碳释氧，净化大气：桑树的生长比较迅速，生物产量较高（中国农业科学院蚕业研究所，1985），具有较强的固碳能力（黄从德等，2008；刘国华等，2008）。在三峡库区工业生产区和城镇附近种植桑树，可以很好地利用桑树吸收CO_2和释放O_2数量大的特点，处理有害工业废气和减少粉尘的污染（中国农业科学院蚕业研究所，1985；顾晓山，1991；戴玉伟等，2009）。

由此可见，利用桑树对三峡库区库岸生态系统进行生态修复是一种经济、可行的方法。

三、三峡库区退化土地修复实例——以消落带植被修复重建为例

位于三峡库区重庆忠县石宝镇的消落带区域，距离忠县城区32km。忠县位于重庆市中部、三峡库区腹心地带，远离重庆主城区。东北与万州相邻，西接垫江县，东南与石柱县毗邻，西南与丰都县接壤，北与梁平县为界。本研究取样区域位于忠县境内的汝溪河流域（图4-7），属亚热带东南季风区山地气候，四季分明，雨量充沛，日照充足。≥10℃年积温5787℃，年均温18.2℃，无霜期341d，日照时数1327.5h，日照率29%，太

阳总辐射能 83.7kcal/cm²，年降雨量 1200mm，相对湿度 80%；土壤主要为发育于亚热
带地区石灰性紫色砂页岩母质的紫色土，母岩风化浅，土壤熟化度低，水土流失较为
严重。

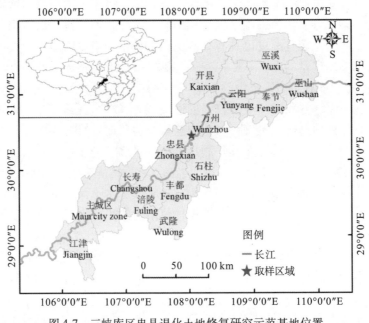

图 4-7 三峡库区忠县退化土地修复研究示范基地位置

为进行三峡库区消落带的生态植被修复与重建，在 2010～2011 年原位预备试验的基
础上，于 2012 年 3～4 月在重庆忠县石宝镇汝溪河流域建设三峡库区消落带人工植被示
范基地，新栽落羽杉、池杉、柳树、狗牙根、牛鞭草和香附子等物种，栽植时相同物种
的生长状况基本一致（图 4-8～图 4-11）。

图 4-8 在海拔 165～175m 处栽植落羽杉、池杉、柳树、中华蚊母等木本植物

图 4-9　在海拔 145～165m 处栽植狗牙根、牛鞭草、香附子等草本植物

图 4-10　三峡库区忠县消落带示范基地木本植物栽植之后

图 4-11　三峡库区忠县消落带示范基地草本植物栽植之后

在 2012～2015 年间，由于三峡水库水位调度的变化，使得消落带植被修复与重建研究示范基地处于水淹－出露的交替动态变化之中（图 4-12）。每年均产生的水淹－出露交替水文变动节律要求所构建的人工植被具有能够适应两栖性环境的能力。

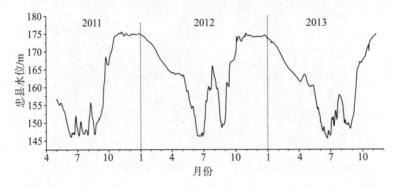

图 4-12　三峡库区忠县消落带退化土地修复研究示范基地水位变化图

对构建的消落带植被进行定期实地测量表明，随着时间的延长，各海拔段人工植被的树木高度、冠幅、胸径呈不断增加的趋势。以人工植被构建后的第一个水淹周期（2012 年 7 月～2013 年 9 月）为例，分析汇总得到以下研究结果。

2012 年 7 月未经历水淹时，不同海拔高程间的同种人工植被的树木高度无显著差异（$P > 0.05$）。然而，随着时间的延长，170～175m 海拔段的落羽杉高度显著高于 165～170m 海拔段（除 2013 年 9 月外）。但是，柳树的株高仅在 2013 年 5 月和 2013 年 9 月时，两个海拔段间存在显著差异（$P < 0.05$）。与之形成对比的是，在柳树分别与扁穗牛鞭草和狗牙根的混种模式下，170～175m 和 165～170m 海拔段柳树的株高无显著差异（$P > 0.05$，图 4-13）。

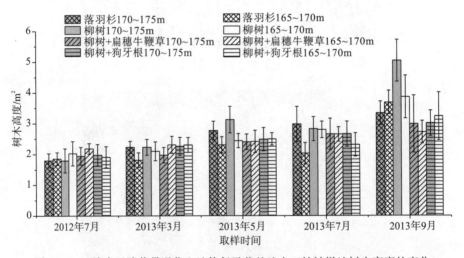

图 4-13　三峡库区消落带退化土地修复示范基地人工植被样地树木高度的变化

对各植株冠幅而言，落羽杉的增加趋势尤为显著。170～175m 海拔段，落羽杉、柳树纯种林地的树木冠幅显著大于其相应的 165～170m 海拔段。各时间段中，处于 170～175m 海拔的柳树纯林地中的树木冠幅分别显著大于相同时间下的柳树＋扁穗牛鞭草、柳树+狗牙根样地中的树木冠幅,而柳树与扁穗牛鞭草或狗牙根的混种模式间,树木冠幅无显著差异($P > 0.05$,图4-14)。

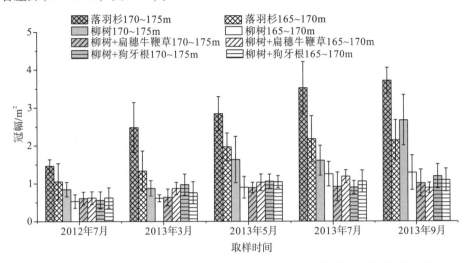

图4-14 三峡库区消落带退化土地修复示范基地人工植被样地树木冠幅的变化

总体上,植株的胸径也随时间的延长而增加,最后一次取样时,落羽杉、柳树林地中的植株胸径显著大于其他人工植被样地。2012年7月,不同海拔间的相同类型群落的植株胸径无显著差异。然而,随着植物的生长,较高海拔段样地的植株胸径逐渐高于其较低海拔段样地(图4-15)。

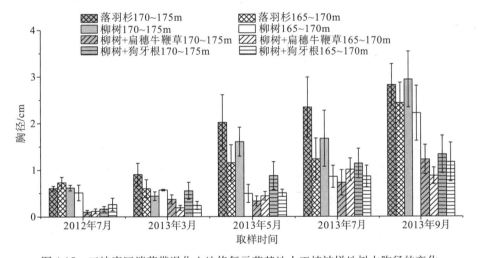

图4-15 三峡库区消落带退化土地修复示范基地人工植被样地树木胸径的变化

对于草本植物而言,植株的平均高度在2013年3月最低,之后有所回升。然而,研究后期,扁穗牛鞭草的高度逐渐趋于平稳,但狗牙根的高度则持续增加,到2013年9月时,狗牙根和扁穗牛鞭草的平均高度分别为(45.47 ± 4.49)cm和(40.57 ± 9.14)cm。与之不同的是,柳树+扁穗牛鞭草和柳树+狗牙根样地的草本层平均高度在5次取样间均不断增加,但柳树+狗牙根样地的草本层高度在2013年7月和2013年9月间无显著差异($P > 0.05$)。此外,相同人工植被类型样地的草本层高度在170~175m和165~170m

海拔段之间无显著差异（$P > 0.05$，图 4-16）。

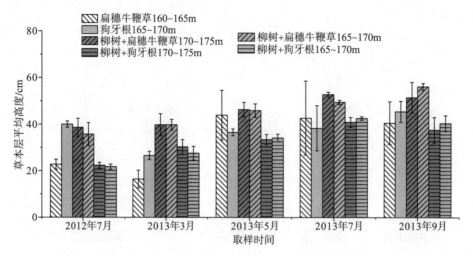

图 4-16　三峡库区消落带退化土地修复示范基地人工植被样地草本层植株平均高度的变化

与各样地的草本层平均高度类似，各人工植被类型样地的草本层总盖度均在 2013 年 3 月时显著下降，随后显著增加，直至 2013 年 9 月时，与 2013 年 7 月相比略有下降，但均未达显著差异水平（$P > 0.05$）。与柳树 + 扁穗牛鞭草、柳树 + 狗牙根样地相比，扁穗牛鞭草、狗牙根的纯种模式中，草本的总盖度增加幅度明显，特别是从 2013 年 3 月至 5 月。然而，在混种模式下，相同模式的草本层总盖度在 170～175m 与 165～170m 海拔段间差异不大（图 4-17）。

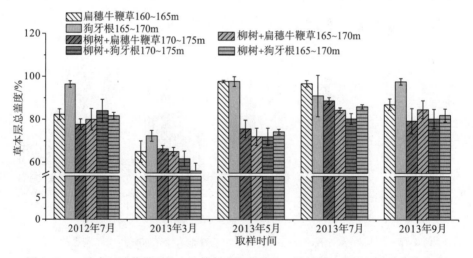

图 4-17　三峡库区消落带退化土地修复示范基地人工植被样地草本层总盖度的变化

2012～2015 年间，三峡库区消落带退化土地修复研究示范基地（忠县）人工植被已经历 3 个水淹周期，经连续调查发现，存活率达 95% 以上，植被覆盖率高，水土流失治理效果好（图 4-18～图 4-37）。

图 4-18 示范基地人工植被种植后
（2012 年 4 月）

图 4-19 示范基地遭受第一个水淹周期前
（2012 年 7 月）

图 4-20 开始遭受水淹的示范基地植被
（2012 年 10 月）

图 4-21 正在遭受水淹的示范基地植被
（2013 年 1 月）

图 4-22 随着退水逐渐出露的示范基地植被（2013 年 2 月）

图 4-23　退水后正在发芽展叶的柳树（2013 年 3 月）

图 4-24　退水后开始旺盛生长的柳树（2013 年 4 月）

图 4-25　退水后正在发芽展叶的落羽杉（2013 年 3 月）

图 4-26　退水后旺盛生长的落羽杉（2013 年 4 月）

图 4-27　2013 年 8 月示范基地木本植物群落植被状况

图 4-28　2013 年 8 月示范基地草本植物群落植被状况

图 4-29   2013 年 10 月示范基地植被逐渐被淹没

图 4-30   2014 年 3 月示范基地植被随退水出露状况

图 4-31   经过 2 个水淹周期后示范基地植被正在发芽展叶(拍摄于 2014 年 3 月)

图 4-32　经过 2 个水淹周期后示范基地植被林内状况（拍摄于 2014 年 6 月）

图 4-33　经过 2 个水淹周期后示范基地植被整体状况（拍摄于 2014 年 6 月）

图 4-34　示范基地 165m 处植被正在遭受第 3 周期水淹（拍摄于 2014 年 9 月）

图 4-35　示范基地 170m 处植被正在遭受第 3 周期水淹（拍摄于 2014 年 9 月）

图 4-36　经过 3 个水淹周期后示范基地植被林内状况（拍摄于 2015 年 8 月）

图 4-37　消落带示范基地经过 3 个水淹周期后的植被状况（拍摄于 2015 年 8 月）

　　自 2012 年建立起三峡库区忠县消落带植被修复与重建研究示范基地后，经过三年的培育，示范基地的植被覆盖率已达到 90% 以上，生物种类增多，生物多样性明显提高，有效削减入库污染负荷总氮、总磷，消落区生态服务功能得到明显增强，三峡水库消落带的景观得到有效改善。

　　已建立的消落带生态植被修复示范基地，可利用草本植被收获物每亩平均鲜重达到 1103.5kg。消落带区域草本植被收获物可做青贮饲料，也可用于沼气池发酵，生产清洁替代能源以及绿肥。乔木种类还可提供木质用材，提高土地利用率，增加农民收入。通过项目的实施，还吸纳了一定数量的当地农村剩余劳动力。

该消落带植被修复与重建研究示范基地为相关部门和决策机构提供了一个可以参考借鉴的三峡库区消落带生态治理范式，已辐射推广千余亩。同时，还可为全面落实好《三峡后续工作规划》提供有力的技术支撑。该示范基地建设的成功，已产生良好的社会经济与生态环境效应，重庆电视台、重庆日报和新华网重庆频道等媒体进行了相关报道。由西南大学李昌晓教授团队研发出的"三峡库区消落带植被修复与重建技术"这一重要科研成果已于 2014 年 5 月通过国家林业局专家组的验收认定，并同时赢得了联合国开发计划署、全球环境基金会、美国康奈尔大学、美国圣约翰大学等国际专家学者的一致好评。

四、三峡库区退化土地修复成效

三峡库区(重庆段)作为长江上游水土流失重点防治区，历来都受到各级政府和行政主管部门的高度重视。尤其是在 1989 年国务院批准实施长江上游水土保持重点防治工程以后，三峡库区(重庆段)水土流失治理工作进入了一个全面、快速的发展时期，先后有 16 个区、县(自治县、市)被列入"长治"工程重点县，现已完成"长治"一、二、三、四、五、六期工程，第七期工程正在实施中。截至 2008 年底，三峡库区(重庆段)共治理水土流失面积 130.69 万 hm²，治理完成小流域 429 条。其中，基本农田建设(坡改梯)10.33 万 hm²；营造水土保持林 34.75 万 hm²；种植经济果木林 13.93 万 hm²；种草 5.74 万 hm²；实施封禁 31.65 万 hm²；修建排灌沟渠 3.06 万 km²；建设蓄水、沉沙设施 15.6 万座，完成总投资 6.83 亿元，其中国家投资 4.40 亿元，地方匹配资金 1.32 亿元。2008 年，三峡主体工程初步设计中的设计项目已全部完成，三峡水利枢纽工程管理区市政基础设施建设进一步完善，水保绿化、生态修复工作大面积展开，连续多年治理成效明显。2003 ~ 2009 年时间段内，三峡库区(重庆段)水土流失治理情况(陈国建等，2009)参见表 4-6。

表 4-6　三峡库区(重庆段)2003 ~ 2009 年水土流失治理情况

年份	累计治理面积 /km²	当年新增 治理量/km²	重点小流域累计 治理面积/km²	实施小流域数	
				当年竣工	正在实施
2003	17 299.4	892.0	17 299.3	53	99
2005	18 864.5	808.6	18 825.7	89	79
2007	20 274.9	935.0	17 236.2	32	54
2009	22 742.2	1532.1	18 924.2	47	70

三峡库区经过 10 多年的综合治理，治理区内水土保持措施实施情况良好，效益显著。水土流失综合治理使得当地的土地利用结构向着合理的方向转变，坡耕地减少，梯坪地增加，荒山荒坡减少，林地的植被覆盖度提高，有效减少了水土流失，土壤侵蚀强度降低。但值得注意的是，人为因素在水土流失中的作用变得越来越突出。三峡库区水土流失治理直接关系到库区生态环境的改善和三峡工程的长久安全运行，因此及早作好库区水保工作和环境保护工作尤为重要。

三峡库区的大部分区县位于重庆市境内，重庆是一个大城市带大农村的年轻直辖市，生态区位十分重要。重庆以退耕还林工程为契机，发展林果业，向世界打响了品牌，同时有效解决了库区产业空虚化和剩余劳动力转移问题，后续产业已成为部分退耕农户的主要收入来源，退耕地区实现了"减人、增效、留空间"、"山渐绿、水渐清、粮增产"

的目标。重庆市自 2000 年试点实施退耕还林工程以来，截至 2013 年，完成国家下达重庆市退耕还林工程 1.278 万 km²，其中 2006 年前坡耕地退耕还林 0.44 万 km²，荒山荒地造林 0.7083 万 km²，封山育林 0.1293 万 km²。通过广大退耕农户的共同努力，退耕还林成效已逐步显现。通过强力实施退耕还林工程，全市森林面积增长了 0.902 万 km²，森林覆盖率达到 42.1%，治理水土流失面积 1.67 万 km²，全市自然灾害如洪灾、旱灾、泥石流等明显减轻，生物多样性得到有效保护，野生动物种群数量明显增加。通过治理重庆市植被覆盖率从 1990~2012 年一直呈上升趋势，如图 4-38 所示。

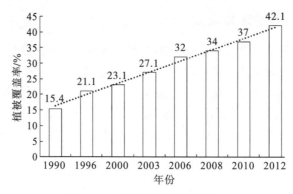

图 4-38　重庆市植被覆盖率变化

总体来说，治理区的水土流失状况有所好转，库区生态环境和农业生产条件得到明显改善，调整了农业产业结构，土地利用渐趋合理，土地生产力和农作物产量大幅度提高，环境容量明显扩大，群众的生活水平和生活质量有所提高。然而，局部地区因人为活动干扰加剧生态环境状况有所恶化，亟需引起我们的高度重视。

研究表明，1955~1990 年耕地、建设用地大量扩张，林地、草地面积整体处于缩减状态，毁林开荒现象严重，水土流失加剧。1990~1995 年耕地面积减少，林地、草地面积增加，生态环境恶化的趋势得到了一定的遏制。1995~2000 年，随着三峡工程基础设施建设的完善，库区耕地面积锐减，为满足库区人民的基本生产需要，又造成大规模的毁林毁草来增加耕地的结局。2000~2010 年，三峡工程后续蓄水以及退耕还林工程的实施，耕地面积大量减少，林草地面积有所增加。

三峡库区经过 10 多年的综合治理，重庆段库区水土流失面积已由 1992 年的 3.46 万 km²下降到 2009 年的 2.08 万 km²，森林覆盖率由 1990 年的 15.2% 上升到 2010 年的 35.1%，治理区内水土保持措施实施情况良好、效益显著，表明通过治理库区的生态系统使退化得到了一定程度的缓解，但是现有水土流失问题依然不容忽视。目前库区水土流失面积仍高达 2.08 万 km²，占土地总面积的 44%，依然是长江流域水土流失最严重的区域之一，且人为因素在水土流失中仍然居于主导地位。

三峡工程关系到长江沿线各省市现代化建设的全局，其综合效益惠及全国人民。三峡库区是全国重点关注与扶持的区域，要使三峡库区土地资源得到科学合理利用，需要根据其自然地理条件进行合理有效的规划实施，必须以有效的组织技术保障、机制创新、效果评价和公众参与作为支撑。在库区退化土地的修复与重建过程中，必然会面临一些新问题，这就需要加强调查、研究，充分了解民情、民意，关注库区土地资源现状与发展趋势，针对区域性土地利用总体规划的特点开展创新性的研究，科学协调、规划和设计，力求解决好社会经济发展中土地资源利用面临的矛盾和问题，保障库区社会经济可持续发展。

　　对于三峡库区生态系统的修复我们只是迈出了营造人与自然和谐共处的第一步，后续我们需要做出更多的努力。修复生态系统对于现代科技来讲可能并不是一件太困难的事。相反，如何保育和保持好已经被修复的生态系统才是我们需要倍加注重的工作。为了能够将良性循环的生态系统保持下去，我们必须要阻止过多的人为因素对于生态系统的干扰，而解决这一问题的最好方式无疑是加强公民保护自然环境的相关培训和教育，进而提升全体公民的环境保护意识与自觉行动。

第五章　利用公私伙伴关系创新三峡库区生态修复

三峡库区生态环境是库区广大群众赖以生存和发展的物质基础、生存空间基础和社会经济活动基础的综合体（林翎和曹学章，2007）。如前所述，三峡库区面积大，地形复杂，面临着严峻的土地退化问题及众多挑战，加强三峡库区退化生态系统修复无疑是一项长期、复杂且艰巨的系统工程，需要综合考虑多方面因素。对三峡库区生态系统的综合高效修复不仅需要政府的投入、农民的参与，同时也需要全社会的大力支持，需要将各行业、各部门以及各个参与者的力量汇集起来，形成强大的合力，共同实施好三峡库区的生态修复及可持续发展事业，确保三峡库区的长治久安与安全运行。针对三峡库区的实际情况，将私营部门、当地村社集体以及基层个体充分吸纳到以政府为主导的三峡库区生态系统修复项目之中，引导和推动更多利益相关方的积极参与，是当前迫切需要推动实施的工作。为了充分吸纳社会各个利益相关方积极参与三峡库区生态环境修复工作，实现三峡库区生态系统健康持续发展的各项目标，我们需要采取适宜有效的方法——即公私伙伴关系（public private partnerships，PPPs），加快三峡库区生态系统修复的进程，提升三峡库区生态系统修复成效。

第一节　"公私伙伴关系"概述

一、公私伙伴关系的定义

公私伙伴关系（public private partnerships，PPPs），泛指公共部门与私营部门的合作模式。联合国开发计划署对其定义为："政府、营利性企业和非营利性组织基于某个项目而形成的相互合作关系的形式。通过这种合作形式，合作双方可以达到比预期单独行动更有利的结果，合作各方参与某个项目时，政府并不是把项目责任全部转移给私营部门，而是由参与合作的各方共同承担融资风险"（杨拓和陆宁，2011）。简言之，所谓公私伙伴关系，就是政府公共部门与民间私营部门以提供公共产品或公共服务为目的，以资源互补、利益共享、风险共担为基础，通过正式协议建立起来的一种长期合作伙伴关系，是政府公共部门与民间私营部门协力促进公共产品或公共服务供给的新模式。PPPs模式是国际上比较通行的建设公共事业项目的融资方式之一，在欧美等一些国家已经发展得较为成熟。该模式自20世纪80年代引入中国以来，经过多年的研究、探索和试验，已经开始应用于我国许多公共事业领域的项目建设和管理工作，提升了政府融资力度，降低了投资风险，在实践中也逐渐得到认可。

20世纪70年代以来，西方主要发达国家出现经济滞涨，政府信任危机严重。公共选择理论认为，政府决策、机构运转以及国家干预的无效率的存在在于政府间缺乏有效的竞争机制、没有降低成本的意识以及政治市场上行为主体的利益差异导致。"政府失灵"的存在，使得引进市场机制帮助政府实现公共物品的有效供给成为必要。自20世纪80

年代以来，面对财政危机以及民众对改革公共部门的诉求的压力，一种将公共部门与私人部门结合起来的伙伴关系在英国产生，并经新西兰、美国的发展迅速在世界范围内传播，这种将关注的焦点从以往的所有权形式上转移到了政府行政效率上来，成为新公共管理改革中的一项重要内容。PPPs 作为新公共管理中的一种重要模式，公共部门通过与私营部门签订合同来提供公共服务，双方共担风险、共享收益，作为一种既能弥补公共资金的不足，又能充分发挥私营部门高效率与低成本优势，满足公众对物品的需求的合作模式迅速得到世界范围的普遍采用，并以此作为政府提供公共服务的重要内容。PPPs 范围不仅仅局限于政府与私营企业之间，其公私的划分在于所追求利益的不同。事实上，PPPs 的范围可延伸至政府、企业、非营利组织与个人。

PPPs 的兴起，是公共服务民营化的产物。在公共服务中存在 3 个基本的参与者：消费者、生产者和安排者。消费者直接接受服务；生产者组织生产，向消费者提供服务；安排者则指派生产者向消费者提供服务。服务提供与服务生产之间的区别是 PPPs 的核心，是政府角色界定的基础。只要能够满足这个过程中物品的特性，政府部门、私人部门以致第三部门均可提供，因此公共服务供给的主体主要有 3 种：私营部门供应模式、公共部门供应模式和公私伙伴合作模式。

依据权力分享的程度，PPPs 可划分为协作型伙伴关系（collaborative partnership）、运作型伙伴关系（operational partnership）、捐助型伙伴关系（contributory partnership）、协商型伙伴关系（consultative partnership）等。这些公私伙伴关系能否成功建立，与公私部门合作的潜力密切相关。公私合作的潜力可以通过合作项目的可销售性来判断。可销售性越强的公共产品与公用事业项目，私人进入的可能性就越大，因而采用公私合作管理模式的可能性也就越大。通过公私合作伙伴关系，可以充分利用民营企业的资金或资源投入、管理效率和新技术。

PPPs 不同于私营部门参与（private sector participation，PSP），也不同于民营化（privatization）。私营部门参与（PSP）只是将公共部门的责任和义务转移到私营部门，并不强调公私伙伴关系的建立。在公私伙伴关系中，无论在何种形势下，政府或者公共部门都发挥着实质性的作用，政府都要对公共产品的生产和公共服务的提供承担责任，它所强调的仍然是保护和强化公共利益。在民营化下，政府除了对市场和私人部门进行必要的管制之外，政府的介入和干预是十分有限的。事实上，完全的民营化仅仅是从公共的垄断转变为私人的垄断，而这并不是公私伙伴关系所要实现的目的。与此同时，PPPs 与政府的契约外包（contracting out）也有所差别。典型的契约外包涉及私营部门通过商业的途径提供那些以前由政府所提供的服务，但并不涉及在公私伙伴关系中私营部门参与决策、与公共部门共同承担风险和责任的问题。

PPPs 的理论原理主要包括了关系性合约理论、交易成本理论、产权经济学原理和博弈论原理，属于典型的交叉应用科学。然而，就目前 PPPs 在国内的实践活动来看，其仅被看作是融资方式的创新，用以缓解公共部门资金的不足，人们还缺乏对 PPPs 的全面深入认识。若想利用 PPPs 创新三峡库区退化生态系统的修复工作，我们必须先对 PPPs 的定位和作用进行再认识，并针对三峡库区现状提出促进公私伙伴关系健康发展的有效策略。

二、公私伙伴关系的基本模式

经过多年的发展，公私伙伴关系的形式已呈现出多样化特征，在特定地区可以采用不同模式的公私伙伴关系。大体上，主要包括如下一些形式：

（一）兴建—发展—经营

该模式指私营部门向公共部门租赁或购买现有设施，投入本身资本将设施进行整修或者扩建，然后按照与公共部门签订的合同进行经营。

（二）兴建—经营—转移/兴建—转移—经营

该模式对主办项目的政府而言通常具有吸引力，政府可利用该模式在有限的财政预算下减低成本，以及利用私营机构的参与来提高运作效率，同时还可以鼓励外来投资以及引入新的或经过改良的技术。兴建—转移—经营模式与兴建—经营—转移模式的不同之处只是设施转移给公营机构的时间不一样。

（三）兴建—拥有—经营

私营部门兴建后拥有、并经营设施以提供公共服务。当某项服务拥有一个强大而持续的市场时，这类安排是运作良好的。

（四）购买—兴建—经营

这种模式是资产出售的一种形式，其中包括将现有设施进行修复或者扩建。公共部门将资产出售给私营部门，让其在做出所需的改善后，以更具成本效益的方式经营。

（五）设计—兴建

私营部门替公共部门设计及兴建公共设施。公共部门拥有资产，并且负责营运及维修。该模式带来单一的设计及兴建责任，可以加速项目的交付，具有很高的时效性。

（六）设计—兴建—注资—经营

该模式在英国亦称为私营企业注资计划。私营部门设计、兴建及注资有关项目。公共部门的员工可以调至该私营机构任职，以提供有关服务。公共部门须根据长期服务经营合约，向私营部门支付年费。

（七）设计—兴建—维修

本模式与设计—兴建唯一不同的是，维修设施属于私营部门的责任。

（八）设计—兴建—经营

公共部门拥有设施的产权，并为项目提供经常性资金，私营部门则参与项目的设计、建造与经营。设计—兴建—经营方式让私营部门可以持续参与。

(九) 发展商融资

私营部门为建造或扩建公共设施提供资金，以换取在该地点进行土地开发的权利，如兴建住宅楼宇、商铺或者工业设施等。在政府监督下，私营部门提供资金并经营管理，并有权使用设施及从使用者支付的费用中取得收入。

(十) 经营、维修及管理服务合约

当私营部门与公共部门签订服务合约时，公共部门就控制该服务及设施保留最大权利。一般而言，合约期越长，私营部门投资的机会便越大，因为有更多时间让私营部门赚取利润。通过竞投合约，公众可以获得低成本以及经过改良的服务。

(十一) 免税契约

公共部门通过向私营部门或银行部门借贷而为其资产或设施集资。私营部门得到资产的产权，但会于契约期限开始或结束时将资产转移给公共部门。

(十二) 全包式交易

公共部门按照指定的作业标准及准则，就设施的计划及建造与私营部门签订合约。私营部门承诺以固定的价格兴建设施，并承受建造风险。为设施集资的责任及设施的拥有权可属于有关的公营部门也可属于承建的私营部门。

以上是运用较多的模式，除此之外还有服务外包、管理外包、设计—兴建—转移、租赁—更新—经营—转移、购买—更新—经营—转移、兴建—租赁—经营—转移、兴建—拥有—经营—转移、设计—兴建—转移—经营等模式。在我国，应用较多且较为成熟的 PPPs 模式应当属于兴建—经营—转移模式。

在三峡库区，地理环境、社会人文经济条件具有多样性，因此，在具体实施 PPPs 时，首先需分析当地的基本条件，尤其是社会稳定性、经济管理链条等，进而选择合适的 PPPs 模式，建立起适宜的公私伙伴关系。

三、利用 PPPs 开展三峡库区生态系统修复的必要性与重要性

政府的职能是"提供公共服务"，这包括广义和狭义两个概念。广义上，不仅包括提供公共产品，还包括管理、监管、调节等公共服务，即经济调节、市场监管、社会管理和提供公共产品；狭义上，仅指"提供公共产品"。三峡库区各级政府部门承担着库区生态文明建设的重要任务，为库区当地社会提供以生态效益为基础的大量公共产品与公共服务，完全符合开展 PPPs 的各种条件。鉴于库区目前的退化生态系统修复与重建工作任务繁重且艰巨，在三峡库区通过建立 PPPs 开展生态系统修复项目不仅极为必要，而且也十分重要。

(一) 加快三峡库区生态环境建设发展的要求

三峡库区生态系统是提供大量公共产品与公共服务的载体。目前，库区生态环境的发展水平和发展阶段仍然不能很好地满足国家、社会与人民群众的需要。利用 PPPs 修复

库区退化生态系统，使三峡库区生态系统提供更多更好的公共产品，提供更为优质的公共服务非常必要。

(二)三峡库区土地退化防治与生态系统可持续发展的要求

目前，三峡库区土地退化严重。防治土地退化，促进三峡库区生态系统可持续发展，多年来一直是库区各级政府的重要任务之一。开展土地退化防治与三峡库区生态系统可持续发展是一项持续性的工作。因此，在库区建立起土地退化防治的有效融资机制以及高效的运行机制尤为重要。在三峡库区，土地退化防治与退化生态系统修复主要是由政府主导的，缺乏其他利益相关方的积极参与。土地退化防治事业与退化生态系统修复应当动员全社会力量共同参与，政府与私人企业更需要紧密合作。因此，公私伙伴关系的建立成为必然选择。

(三)积极动员全民参与库区生态文明建设的要求

政府有限的财政预算不能满足公共设施建设的需要，这样就必然需要设计一种框架，把所有的相关力量都吸纳进来。三峡库区生态系统涉及到多个利益相关方，包括：政府、营利性企业和非营利性企业、私人消费者等。我们需要有这样一种制度性的安排，将三峡库区相关各方的优势、力量、资源整合起来，共同完成库区的公共事业目标(即生产提供公共产品、提供公共服务)。因此，需要构建库区多个利益相关方的优质伙伴关系，开展多个利益相关方的参与式合作。

(四)项目 PPP 融资模式在三峡库区生态系统综合管理方面的优势

随着 PPP 融资模式在三峡库区公共事业项目建设和管理中的应用，将它们与库区的实际情况相结合，形成更多的有库区特色的 PPP 典型应用模式意义重大。因为在库区公共事业项目的建设和管理上，鉴于库区的的特殊情况，加快发展 PPP 融资模式的优势可以在三峡库区生态系统修复项目的以下几个方面得以体现：
(1)运作与管理技术上的优越性；
(2)减轻政府财政负担，增加政府财政收入；
(3)拓宽民间资本在社会经济建设中的投资空间；
(4)有助于降低风险，建立相应的监管体制。

四、三峡库区公私伙伴关系的类型

从广义的角度来看，纵观三峡库区不同领域的 PPPs 项目，我们可以将其按照实现途径进行第一层级分类，划分为城市复兴途径(urban regeneration approach)、政策途径(policy approach)、基础设施途径(infrastructure approach)及发展途径(development approach)(Weihe, 2008)。在三峡库区退化土地修复领域，目前存在着大量的政策途径与基础设施途径 PPPs，同时伴随有少量的发展途径 PPPs，但缺乏城市复兴途径 PPPs。

在对 PPPs 项目按上述的实现途径进行分类之后，我们还可以对每一途径的 PPPs 项目从起源、内容、形式与合作深度四个内在特征(Smith and Wohlstetter, 2006)进行第二层级分类(表 5-1)。三峡库区的退化土地修复 PPPs 项目，有的起源于某一个机构单独发起，而有的则是多个机构共同发起；所涉及的内容不仅包括财政资源、人力资源，还包括物质资源与组织资源。协议形式上也体现出正式与非正式的多样化特点。各参与方的伙伴关系发展程度也有所差异，有的合作深入，在多个水平上介入PPPs项目；相反，有的公私伙伴关系发展较浅，仅在一个水平上介入。综合分析三峡库区的PPPs项目，不难发现，三峡库区退化土地修复与生态系统综合管理领域存在大量非正式协议的、在一个水平上介入的PPPs。

表5-1　三峡库区退化土地修复项目基于实现途径的PPPs类型划分

起　源	内　容	形　式	深　度
独立组织	财政资源	非正式协议	在一个水平上介入
非独立组织	人力资源	正式协议	在多个水平上介入
	物质资源		
	组织资源		

在对PPPs项目按其内在特征进行第二层级的类型划分之后，我们还可以按照伙伴关系特征对PPPs项目进行第三层级分类（表5-2）。在三峡库区退化土地修复领域的PPPs项目，既有代表国家与省级层面的公共部门，也有代表县乡等地方层面的公共部门。相应地，私营部门既包括跨国/国家级与省级大型私营企业，也包括县乡等地方私营企业。村社与农户之间的伙伴关系是三峡库区退化土地修复领域最基础的公私伙伴关系，具有十分重要的基础性作用。公私部门之间的伙伴关系包括有合作型、运作型、捐助型、协商型以及松散型等几种形式。有些PPPs项目以公共部门为主导，而有些则是以私营部门为主导。也有公私部门共同主导的情况出现。就目前的实际情况而言，三峡库区退化土地修复领域不仅存在大量的运作型、以公共部门为主导的伙伴关系，还存在着大量的捐助型、以私营部门为主导的伙伴关系。

表5-2　基于部门主导的PPPs项目公私伙伴关系类型划分

公共部门	私营部门	伙伴关系	主导地位
代表国家层面的公共部门	跨国/国家级大型私营企业	合作型伙伴关系	公共部门主导
代表省级层面的公共部门	省级大型私营企业	运作型伙伴关系	公共部门主导
代表市（县）级的公共部门	市（县）级中小私营企业	捐助型伙伴关系	公共私营部门共同主导
代表乡（镇）级的公共部门	乡（镇）级私营小型企业	协商型伙伴关系	私营部门主导
代表村（社）级的公共部门	村（社）级民办企业/农户家庭	松散型伙伴关系	私营部门主导

五、三峡库区退化生态系统修复公私伙伴关系发展现状

退化生态系统修复是一项长期、复杂的系统工程，不仅需要政府的投入、农民的参与，同时也需要全社会的大力支持。多年来，三峡库区当地政府致力于土地退化防治与退化生态系统修复，相继实施了退耕还林工程、天然林保护工程、长江防护林建设工程、野生动植物保护工程等一系列国家重点生态建设与保护工程，将私营部门、当地村社集体以及个体充分吸纳到项目之中，使之在项目框架内开展土地退化防治与库区生态系统修复，从宏观层面加强公私伙伴关系建设，取得了举世瞩目的成效。但是，由于库区土

地退化面积大、种类多，现有的投入机制和治理模式，不能满足库区土地退化防治和实现可持续发展的需求。因此，引导和推动更多的私营部门参与到库区的土地退化防治与生态系统修复活动中来，加快库区土地退化防治与生态修复的步伐，不仅显得十分重要也十分必要。

（一）三峡库区土地退化防治与生态系统修复政策途径 PPPs

1. 国家层面的政策途径 PPPs

多年来，中国政府致力于三峡库区土地退化防治与生态系统修复工作，主要采取以政府为主导的治理方法。以政府为主导的三峡库区土地退化防治与生态系统修复项目，主要是以国家层面的大型工程项目推动开展涉及库区范围的土地退化防治与生态系统修复工作。由于特别注重全民参与，依托于国家层面积极推行公私伙伴关系政策的实施，突出强调公共部门、私有部门以及广大村民参与者的责、权、利关系，建立了典型的政策途径公私伙伴关系。

（1）库区全民义务植树运动

全民义务植树运动是国家层面的常年性国土绿化活动，在推进和发展库区公私伙伴关系进行土地退化防治与生态系统修复方面起到了积极的、卓有成效的作用。

全民义务植树运动是指我国在 1980 年制定的一项旨在推广种树以提高绿化覆盖面积的政策。1979 年 2 月 23 日，第五届全国人大常委会第六次会议经表决，宣布将每年的 3 月 12 日定为中华人民共和国的植树节，以此政策"鼓励全国各族人民植树造林，绿化祖国，改善环境，造福子孙后代"。

1981 年 12 月五届全国人大四次会议上《关于开展全民义务植树运动的决议》审议通过。决议内容制定方案：在条件具备的地区，年满 11 岁的中华人民共和国公民，除老弱病残者外，因地制宜每人每年义务植树 3 至 5 棵，或者完成相应劳动量的育苗、管护和其他绿化任务。号召全国各族人民"人人动手，每年植树，愚公移山，坚持不懈"。1984 年 9 月六届全国人大常委会第七次会议通过修改的《中华人民共和国森林法》总则中规定："植树造林、保护森林是公民应尽的义务"，将植树纳入法律范畴。2002 年 3 月 12 日，全国绿化委员会印发《关于进一步推进全民义务植树运动加快国土绿化进程的意见》。2009 年据全国绿化委员会办公室统计，从全民义务植树运动开展至 2008 年底，全中国共有 115.2 亿人次参加义务植树活动，累计种植 538.5 亿株树木。

每年的植树节，三峡库区各级政府都会组织公务员和政府工作人员参与植树活动，一些企业和学校在政府的组织下也会参与植树活动。在有山岭或山丘的地区，植树活动或会在山上举行。而在城市地区，植树活动可能会在已经规划好、即将作为绿化区域的地方开展，在活动进行的同时完成绿化工作。

（2）库区实施的林业重点工程

第一，天然林保护工程。主要是解决天然林的休养生息和恢复发展问题。包括三个层次：全面停止长江上游、黄河上中游地区天然林采伐；大幅度调减东北、内蒙古等重点国有林区的木材产量；由地方负责保护好其他地区的天然林。工程计划调减木材产量 1991 万 m^3，管护森林 14.15 亿亩，分流安置富余职工 74 万人。

第二，长江防护林建设工程。主要解决长江流域水土流失、风沙危害以及不同类型的生态问题。这是我国涵盖面最大的防护林工程之一。囊括了洞庭湖、鄱阳湖、长江中下游地区的防护林建设。工程计划包括大面积造林以及对现有森林实行有效保护。

第三，退耕还林工程。主要解决重点地区的水土流失问题。这是党中央、国务院针对我国水土流失日趋加剧的现状作出的一项重大战略决策。计划到 2010 年控制水土流失面积 3.4 亿亩，防风固沙控制面积 4 亿亩，年均减少输入长江、黄河的泥沙量 2.6 亿 t。

第四，野生动植物保护工程。这项工程主要解决物种保护、自然保护、湿地保护等问题。2010 年前重点实施 10 个野生动植物拯救工程和 30 个重点生态系统保护工程，新建一批自然保护区。

第五，重点地区速生丰产林基地建设工程。主要解决木材、林产品的供给问题。工程完工后，每年提供木材 1.3337 亿 m^3，约占国内需求量的 40%，加上现有资源，木材供需基本平衡。

上述几项工程在三峡库区均有实施，项目范围覆盖了库区所有的区县。范围之广，规模之大，远远超过了历史上苏联改造大自然计划、美国历史上的大草原林业工程以及北非五国的绿色坝工程。通过实施上述这些工程，采取人工造林、飞播造林、封山育林等各种措施，不仅为三峡库区经济社会可持续发展发挥重要的作用，也必将为维护整个长江流域的生态安全作出积极的贡献。

2. 省级层面的政策途径 PPPs

在土地退化防治与生态系统修复领域，也存在大量的省级层面的政策途径 PPPs。20 世纪 90 年代以来，随着改革开放的进一步深入，一部分企业和个人也广泛参与到林业建设行列，私有制成分的造林也成为省级林业建设项目的重要组成部分。例如，到目前为止，已有多家私营企业和个体造林大户参与三峡库区库周的绿化，并投入大量资金。为了更好的发挥全社会参与林业生态建设的积极性，当地政府在核查验收后，对达到国家规定成活率和保存率标准的兑付造林补助资金，并给予税收优惠。

3. 地方层面的政策途径 PPPs

省级以下的地(市、州)、县、乡政府公共部门，有时会根据省级层面的政策做出一些更加符合当地实际情况的规定，甚至出台一些地方政策。但这些均是以上位政策为基础、基于当地实际的政策执行。

(二)基础设施途径 PPPs

我国法律规定了土地的社会主义公有制，即土地的全民所有制和劳动群众集体所有制。因此，三峡库区的私营部门或个人对土地的使用均是通过政府划拨或租赁的形式来实现。从而产生了大量的、极富库区特色的租赁—建设—运营—转让(lease-build-operate-transfer，LBOT)模式。

1. 省级层面的 LBOT PPPs

在三峡库区土地退化防治与生态系统修复领域，比较典型的省级层面的 LBOT PPPs 比较多。如省级部门牵头启动某些特定的荒山荒地或河流两岸造林绿化工程时，动员和组织国家、集体、个人等全社会力量，采用多种渠道，多种办法，筹集资金，保证这项造林绿化工程的顺利进行。在造林绿化工程中很多个人和私营企业承包地块，为造林绿化工作做出积极的贡献。工程实行承包责任制，条块结合，以块为主的管理办法。参加造林绿化的责任单位和个人承包绿化区，并与主管部门签订承包合同，获得国家颁发的林权证，林权证明确了土地使用权和林木所有权，使"谁种谁有"的政策真正落到实处，做到责、权、利统一。

2. 地方层面的 LBOT PPPs

(1) 县乡级 LBOT 模式

通过广泛调查，我们发现在三峡库区土地退化防治与生态系统修复领域最为典型的县乡级 LBOT PPP 模式应当是私营部门或个体承包荒山荒地治理开发的案例。自 20 世纪 80 年代开始，结合农村联产承包责任制，按照"国家、集体、个人一起上"的思路，三峡库区所在区县基本上均制定和落实了"谁造谁有，允许继承和转让"的政策措施。在稳定土地所有权的基础上，通过承包、拍卖、租赁、兼并等方式，积极鼓励和引导不同经济成分的企业和个人获取土地(包括荒山、荒地)使用权，进行治理开发。以伙伴关系在公私之间建立联系，发挥政府职能部门、国有企事业单位本身的优势，通过体制创新来推动社会公益事业的可持续发展，具有重要的启示意义。

(2) 村民委员会与当地农户签订的土地承包经营协议

在村社层级的这种土地承包经营协议，可以说是三峡库区甚至于全国非常典型、独特的最基层 PPPs 形式。由于中国实行的以公有制为主体的社会主义制度，村社委员会实际上是中国社会制度中最基层的公共部门，与当地的农户(民)通过签订土地承包、租赁等多种合同形式，构成了最具中国特色的社会底层 PPPs，可以说这是三峡库区土地退化防治与生态系统修复领域 PPPs 的根基。

(三) 发展途径 PPPs

1. 私营企业主导的发展途径 PPPs

在三峡库区土地退化防治与生态系统修复领域，存在着私营企业主导的发展途径 PPPs。该途径形成的 PPPs，企业完全占据主动地位，并积极发展与政府公共部门之间的公私伙伴关系，使政府公共部门参与企业主导的土地退化防治项目、并提供企业要求的支持、协调和服务工作。如三峡库区地方政府主动帮助企业协调租赁农牧民的荒山荒地以及向银行贷款等事宜，进而推动库区当地经济社会与生态环境的综合发展。在政府公共部门主动参与帮助的基础上，企业还与当地农牧民发展"公司 + 基地 + 农户"的联合生产形式。

2. 政府与私营企业协同互惠发展的 PPPs

在三峡库区土地退化防治与生态系统修复领域中的另一种发展途径 PPPs，是政府与企业之间处于一种平等互惠的合作伙伴关系，例如某些企业开展的生态建设工程 PPPs，企业为了获取稳定的劳动力资源，实现企业的社会责任，与工程所在地的政府合作实施生态建设工程，企业出资营造生态林，并帮助当地社区群众脱贫致富，改善当地生产生活条件，相应地，政府缓解了资金不足的问题，并提供企业税收优惠等应有的一些支持。

(四) 城市复兴途径 PPPs

城市复兴途径 PPPs 在我国近几年的城市灾后重建方面应用较多。例如，在 2008 年四川"5·12"大地震、青海玉树地震、甘肃舟曲特大泥石流之后的城市复兴建设过程中，采用了大量的城市复兴途径 PPPs。在这些城市复兴途径 PPPs 项目中，公共部门与私营部门成为"主体—主体"之间的伙伴关系，与基础设施途径相比，更具有合作性，往往通过共同组建的单位进行生产合作与风险共担。由于城市复兴途径 PPPs 基本上局限在城市建设领域，因此还没有应用在三峡库区土地退化防治与生态系统修复领域。

总之，目前三峡库区土地退化防治与生态系统修复领域不仅存在大量的政府主导型 PPPs 项目，还存在大量的私营部门主导型 PPPs 项目。然而，由政府公共部门与私营部门共同主导、且基于合作协议或合同基础上的实质性平等合作伙伴关系还比较少。针对三峡库区的实际情况，库区土地退化防治与生态系统修复公益事业需要动员全社会力量共同参与，因此政府公共部门与私人企业之间需要更加紧密的平等务实合作。公共部门与私营部门之间应当有良好的沟通管道，双向互动与互利互惠的合作型伙伴关系应当建立在完善的制度架构之上。在三峡库区土地退化防治与生态系统修复领域，建立起完善的 PPPs 制度体系，还需要完成大量繁重的工作。在三峡库区土地退化防治与生态系统修复领域，除了大量的政策途径 PPPs 之外，采用较多并且行之有效的的基础设施途径是 LBOT 单一模式，十分有必要丰富模式类型，以适应库区当地不同的环境条件。

六、三峡库区退化生态系统修复 PPPs 特征分析

（一）政策途径 PPPs 特征分析

三峡库区在退化生态系统修复领域的政策途径 PPPs，具有十分鲜明的项目特征。通过政策与项目的有机结合，将政策通过项目的形式得到强有力的贯彻执行。尽管这是政府主导型模式，项目执行过程中的各方合作均以合同为基础。然而，国际上一般意义的政策途径 PPPs 并没有项目作为载体，没有以项目为基础的合作，因而也没有合同。由此可见，三峡库区在退化生态系统修复领域的政策途径 PPPs 与与国际上一般意义的政策途径 PPPs 存在较大差别（表 5-3）。

表 5-3 三峡库区退化生态系统修复政策途径 PPPs 与国际上一般意义的政策途径 PPPs 的区别

PPPs	行为主体	项目目标	来源	组织形式	倡导者
一般意义上的政策途径 PPPs	一般 PPPs，无项目作为载体	政策管理部门的制度性安排，或在某些政策领域改善公私关系的权益之计	美国政策文献	没有以项目为基础的合作，因而也没有合同	Rosenau, 2000; Stiglitz and Wallsten, 2000
三峡库区退化生态系统修复政策途径 PPPs	有项目作为载体，政府公共部门、私营部门与基层民众共同参与	库区生态环境综合治理	中国政策文献	有项目为基础的合作，因而也有合同	国家林业局，库区所在地方政府

在三峡库区退化生态系统修复领域的政策途径 PPPs，通过项目来执行政策的典型案例包括退耕还林项目与天保工程项目。

1. 退耕还林项目

当前在三峡库区的生态治理方面，最大的 PPPs 当属 1999 年开始实施的退耕还林工程。退耕还林，就是停止对那些水土流失严重、产量低而不稳的坡耕地和沙化耕地的耕

作，并通过植树种草等措施，逐步恢复植被，改善生态环境。国家对于退耕农户给予现金和粮食补贴，补助标准和期限为：①长江流域及南方地区，每亩退耕地每年补助粮食（原粮）150公斤；②每亩退耕地每年补助现金20元；③粮食和现金补助年限，还草补助按2年计算；还经济林补助按5年计算；还生态林补助暂按8年计算，2007年，在第一轮补助期即将到期之前，国家决定继续推进退耕还林工程，并对退耕户延长一个补助期；④国家向退耕户提供每亩50元的种苗和造林费补助。

　　1999～2009年的10年间，通过退耕还林这一工程的实施，大大减轻三峡库区的水土流失和风沙危害，大幅度减少输入江河的泥沙量，提高了三峡库区的防灾减灾能力，为维护库区生态安全发挥了重要作用。退耕还林工程是国家与农户合作，共同开展生态环境建设的创举。国家通过支付粮食和现金补贴换取"生态产品"这一公共服务，农户通过退耕还林获得粮食和现金受益，同时长期拥有林地经营权和林木所有权。

2. 天保工程项目

　　天然林资源保护工程，简称天保工程。1998年洪涝灾害后，针对长期以来我国天然林资源过度消耗而引起的生态环境恶化的现实，党中央、国务院从我国社会经济可持续发展的战略高度，做出了实施天然林资源保护工程的重大决策。该工程旨在通过天然林禁伐和大幅减少商品木材产量，有计划分流安置林区职工等措施，主要解决我国天然林的休养生息和恢复发展问题。三峡库区因其所处的特殊地理位置与环境条件，整个区域均被纳入天保工程项目管理，属于天保工程项目区。

　　一期实施方案国家财政补助标准如下：

　　对所有的天保项目区，按照每年每人管护380公顷、补助1万元管护费的标准进行实施。对长江上游实施的封山育林，按每公顷70元的标准分5年补助；近山区飞播造林按每公顷120元的标准、远山区飞播造林按每公顷50元的标准补助；长江上游人工造林按每公顷200元的标准提供补助。同时也对林区职工提供相应的社会保险补助费、政策性社会性支出补助费等。

　　二期实施方案国家财政补助标准如下：

　　按照国务院批准的《长江上游、黄河上中游地区天然林资源保护工程二期实施方案》，中央财政安排用于天保工程的专项资金，包括森林管护费、中央财政森林生态效益补偿基金、森林抚育补助费、社会保险补助费、政策性社会性支出补助费。国有林管护费标准为每亩每年5元；集体和个人所有的地方公益林管护费补助标准为每亩每年3元。中央财政森林生态效益补偿基金是指中央财政对天保工程区内集体和个人所有的国家级公益林安排的森林生态效益补偿基金，标准为每亩每年10元。森林抚育补助费是指专项用于国有中幼林抚育所发生的各项经费支出，标准为每亩120元。社会保险补助费，以各省2008年社会平均工资的80%作为社会保险年缴费工资总额，补助比例合计为缴费工资总额的30%。

　　通过对退耕还林和天保工程项目各项政策条款、特别是项目补助标准的深入了解，不难发现：以六大林业工程项目为基础的政策途径PPPs是三峡库区甚至于我国目前开展土地退化防治与退化生态系统修复的重要支撑。而以这六大工程项目为基础的政策途径PPPs，与1980年就开始实施的国家层面的常年性国土绿化活动无不相关。六大林业工程项目与全民义务植树运动均是以增加国土森林覆盖率为主要目的、在多个水平上介入的、全国性的政策制度安排。30 年前就开展实施的大规模全民义务植树运动，为后来的六大林业工程项目顺利推进奠定了坚实的社会基础。从表 5-4 可以看出，后来的六大林业工程项目是对全民义务植树运动的一个深度发展和延伸，特别是在组织形式上表现得更加富有针对性且更为切实有效，与全民义务植树运动相比，不仅具有正式的合同协议（国家层面更多是以文件报表等形式对合同协议予以体现），还以实质性的项目形式进行管理实施。

　　省级和县乡地方层面上虽也存在大量的政策途径 PPPs，但基本上是仿效国家层面的六大林业工程项目而设立的。与国家层面的政策途径 PPPs 相比，其组织形式相对要松散、灵活一些，利益相关方介入项目的程度更为深入，但一般仅仅局限于当地的造林绿化工程。

表 5-4　三峡库区生态系统修复以项目为基础的政策途径 PPPs

项目名称	起源	内容	组织形式	介入程度
全民义务植树运动	1980 年国家层面的常年性国土绿化活动	推广种树以提高绿化覆盖面积	国家政策形式	在多个水平上介入
退耕还林工程	水土流失日趋加剧	将耕地转变为林业用途，年均减少输入长江、黄河的泥沙量 2.6 亿吨	国家政策形式、正式合同协议、以项目形式实施	在多个水平上介入
天然林保护工程	洪水泛滥、天然林破坏严重	天然林禁伐、大幅减少商品材木材产量、富余职工分流和安置	国家政策形式、正式合同协议、以项目形式实施	在多个水平上介入
长江防护林建设工程	长江流域水土流失、风沙危害以及不同类型的生态问题	我国涵盖面最大的防护林工程之一；工程计划大面积造林，并对现有森林实行有效保护	国家政策形式、正式合同协议、以项目形式实施	在多个水平上介入
野生动植物保护工程	生物物种自然保护问题	2010 年前重点实施 10 个野生动植物拯救工程和 30 个重点生态系统保护工程，新建一批自然保护区	国家政策形式、正式合同协议、以项目形式实施	在多个水平上介入
重点地区速生丰产林基地建设工程	木材、林产品的供给问题	工程完工后，每年提供木材 1.3337 亿 m³，加上现有资源，木材供需基本平衡	国家政策形式、正式合同协议、以项目形式推动	在多个水平上介入

（二）基础设施途径 PPPs 特征分析

　　这种基础设施途径形成的 LBOT PPP 在三峡库区运行多年，已经发展得较为成熟完善。在三峡库区，省级层面的 LBOT PPP 与县乡级层面的 LBOT PPP 存在一定的差异，主要在于省级层面的 LBOT PPP 在公开招投标进行退化土地租赁之前，政府公共部门有一定的前期基础设施建设投入，例如完成道路、水电等基础设施的建设。而县乡级层面的 LBOT PPP 一般并没有这样的前期基础设施建设投入。

表 5-5 三峡库区生态系统修复基础设施途径 PPPs 与一般意义上的基础设施途径 PPPs 的对比分析

PPPs	行为主体	项目目标	来源	组织形式	倡导者
一般意义上的基础设施途径 PPPs	主体—代理	基础设施及其相关服务由私营部门提供	英国政府，私人主动融资计划(1992)	有详细规定的长期合同（通常是 25～30 年），包括融资、设计、建设、运营与维护。也有较为松散的定义，即上面提到的项目要素并不一定完全包括	Savas, 2000; Shaoul, 2003; Koppenjan, 2005
三峡库区土地退化防治与生态系统修复基础设施途径 PPPs	主体—租赁（或承包）	荒山荒地生态治理开发由私营部门完成	省级或县乡村地方层级	有项目为基础的合作与合同，通常是 20 年，而家庭联产承包责任制一般为 70 年，包括租赁、建设、运营与转移（即典型的 LBOT 模式）	省级及以下层级的地方政府

在村社层级的土地承包经营协议，事实上是三峡库区甚至于我国最基层的 LBOT PPP 形式。三峡库区是一个以农业为基础的丘陵山区，居住在农村的大量乡村群众赖以土地为生，土地承包期限相对较长。与企业项目为基础的 20 年合作期相比，家庭联产承包责任制的合同承包期一般为 70 年，但均包括有租赁、建设、运营与转移。

（三）发展途径 PPPs 特征分析

在三峡库区土地退化防治与生态系统修复领域，发展途径 PPPs 与传统意义上的 PPPs 存在相似之处的同时，也表征出明显的差异（表 5-6）。三峡库区在土地退化防治与生态系统修复领域的发展途径 PPPs，虽然也是由公私三方构成的一个三角形伙伴关系，但是作为第三方的农户需要获取利益，否则这个三角形伙伴关系难以构成；与此同时，在项目目标上也比一般意义上的发展途径 PPPs 要小得多，组织形式仅表现为企业主导型与公私部门协同互惠发展两种类型。

三峡库区土地退化防治与生态系统修复领域的发展途径 PPPs，主要源自于企业自身为了获取稳定的生产资源以及实现企业的社会责任，不同于一般意义上的发展途径 PPPs，后者源于联合国可持续发展全球峰会。

表 5-6 三峡库区生态系统修复发展途径 PPPs 与一般意义上的发展途径 PPPs 的对比分析

PPPs	行为主体	项目目标	来源	组织形式	倡导者
一般意义上的发展途径 PPPs	公共部门、私营部门、非营利性第三方组织形成的三角形伙伴关系	与发展相关。通过跨部门合作，提高欠发达国家的发展水平	联合国可持续发展全球峰会，2002 年约翰内斯堡	形式多样	Reed and Reed, 2006; practicians in the development field; I (N) GOs and (N) GOs
三峡库区土地退化防治与生态系统修复发展途径 PPPs	政府公共部门、私营企业、农户形成的三角形伙伴关系	旨在防治土地退化，修复生态系统，促进当地农村发展	企业为了获取稳定的生产资源，以及实现企业的社会责任	企业主导型与公私部门协同互惠发展	私营企业集团

第二节　通过公私伙伴关系创新库区退化生态系统修复

开展三峡库区退化生态系统修复工作，是一项长期、复杂而又艰巨的系统工程。多年来，三峡库区当地政府相继实施了退耕还林工程、天然林保护工程、长江防护林建设工程、野生动植物保护工程等一系列国家重点生态建设与保护工程，将私营部门、当地村社集体以及个体充分吸纳到项目之中，使之在项目框架内开展三峡库区土地退化防治与生态系统修复工作，从宏观层面加强公私伙伴关系建设，取得了良好成效。但是，由于三峡库区土地退化面积大、种类多，现有的投入机制和治理模式，还不能满足库区土地退化防治和生态修复的迫切需求。引导和推动更多的私营部门参与到土地退化防治及生态系统修复活动中来，加快三峡库区土地退化防治及生态修复的步伐，不仅显得十分重要也十分必要。因此，亟待采用有效的方法，扩大土地退化防治及生态修复投资，加快库区退化生态系统的治理进程。

一、建立三峡库区退化生态系统修复公私伙伴关系的一般方法

公私伙伴关系的建立，往往涉及较多的相关法律、政策、制度以及技术性文件，只有采用正确的方法，才能确保公私伙伴关系的有效性和可持续性，确保公共产品和服务目标的实现。尤其是在三峡库区这一特殊的地理区域和特定的环境条件下，库区生态安全与生态健康应始终置于各项计划、任务及项目的首要位置。

（一）明确三峡库区生态系统修复项目公私伙伴关系中的"公"和"私"

公私伙伴关系，实质上就是指"公共部门"与"私营部门"之间的合作。建立公私伙伴关系首先必须对"公"和"私"两个主体进行明确的界定。根据三峡库区的实际情况，与三峡库区退化生态系统修复相关的公共部门应当包括以下四大类型。

一是各级政府及其各行政管理部门，如水库管理局、移民局、林业局、农业局、水利局等。

二是被赋予行政管理职能的事业单位，如天然林保护工程管理中心、退耕还林工程管理办公室、园林绿化事务所等。

三是国有林管理局、国有林场、国有农场、自然保护区管理局等。尽管这些单位具有企业的属性，自身也承担着开展生态建设与保护、防治土地退化及生态系统修复的职能，但目前它们仍然是国有土地的管理者和经营权者，代表着公共利益。

四是乡镇政府以及农村村委会、村民小组。尽管村委会、村民小组并不是一级政府，但它代表着一个村庄全体村民的利益，行使着全村集体资源资产的管理职能，还承担着本村公益事业的管理职责。

在计划经济时期，我国的一切经济活动都是以政府为主导，以公有制为核心开展的，生产单位既是管理者也是生产者和经营者，即使是农村也只有集体经济，因而不存在私营部门。随着社会主义市场经济体制的不断完善，私营经济迅速发展，私有部门已经成长为国民经济中不可缺少的重要组成部分和利益相关方。根据目前的实际情况，私营部门应当包括：各类私营企业、外资企业（独资或合资）、农村合作经济组织、个人和农户等。

(二)建立公私伙伴关系的基本步骤

一般而言，建立"公—私伙伴关系"应遵循如下几个基本步骤。

1. 决定进入 PPPs 程序并组建相应的工作团队

确定要采用 PPPs 模式进行公共产品的生产或提供公共服务，并随之组建相应的工作团队。在三峡库区，则主要是利用 PPPs 开展退化生态系统修复。

2. 学习调研国内外同行开展 PPPs 的经验与教训

在国内外，有大量的 PPPs 案例，在开展 PPPs 项目之前十分有必要进行广泛深入的调研学习。无论是成功的还是不成功的 PPPs 案例，均会给 PPPs 项目的开展带来极大帮助。实践三峡库区生态系统修复的工作范畴属于林业领域，也与国土、水利和环保等部门具有密切关系。因此，利用 PPPs 进行库区的生态修复可以从学习调研国内外土地退化防治及退化生态修复 PPPs，尤其是中国西部地区土地退化防治 PPPs 开始。

3. 部门问题诊断

为了使要开展的 PPPs 项目有极强的针对性，需要明确公共部门自身的要求与期望，进行部门问题诊断。对涉及到公共部门的相关问题，例如技术水平、法律法规、政策制度、机构能力、商业营销、财务收支等进行逐一诊断。具体到三峡库区而言，包括水利部门、环保部门、林业部门、财务部门等，涉及到的人员包括相关技术人员、当地政府人员、财务人员等，同时还应包括当地政策法规、有关三峡库区的国家标准等。

4. 解决部门问题的路线图

在公共部门问题诊断的基础上，提出解决部门问题的方法、策略及路线图。

5. 构建适宜的 PPPs 项目模式

PPPs 项目模式很多，需要结合上述几个步骤的工作，构建出适宜的 PPPs 项目模式，并在 PPP 的可行性研究基础上选择一个最佳的 PPPs 项目模式。特别需要注意的是，三峡库区涉及城市、区县较多，多样化程度较高，需根据不同区域选用不同的 PPPs 项目模式。

6. PPPs 项目实施前的准备工作

在正式实施选定的 PPPs 项目模式之前，需要进行大量的前期准备工作，包括法律法规的完善、政策制度的制定、技术需求的准备、机构部门的设置与能力建设、财政金融的安排、劳动力的组织调度、其他利益相关方的参与等。

7. 执行实施 PPPs 项目

完成招标、合同等项工作，对 PPPs 项目进行具体实施。

8. 对 PPPs 项目的监测与评价

按照所签订的合同条款，对公共部门与私营部门各参与方进行监测、评价，并及时报告监测评价的结果，确保合同各方严格按照合同规定执行。

(三)PPPs 成功的关键

1. 完善的政策与法制环境

完善的政策与法制环境是 PPPs 项目成功的关键之一。设立有关 PPPs 的专门法，确保竞标的公正性、仲裁程序的标准性至关重要。

2. 专业的组织机构与人才队伍

PPPs 项目涉及法律、制度、经济、环境，甚至于政治与社会的诸多方面，没有一支专业的人才队伍与相应的组织机构，无法确保 PPP 项目的成功实施。

3. 详尽的商业合同与计划

PPPs 项目包括大量的合同文本，这些合同文本需要明确界定合同各方的责、权、利，特别是合同各方的角色定位、投资回报方式、风险分担原则。

4. 各参与方的精诚合作与相互支持

慎重选择参与 PPPs 项目的合作方至关重要。同时，获得与 PPPs 项目相关的利益群体的支持也必不可少。

(四)建立三峡库区生态系统修复公私伙伴关系应当注意的问题

在建立三峡库区生态系统修复项目公私伙伴关系时，应当注意以下六个方面的问题。

1. 政府要制定明确的指导方针

政府始终是提供公共服务的主体，必须在确立指导方针、制定规则等方面发挥主体作用，将公私伙伴关系纳入三峡库区经济社会发展规划，加大宣传普及力度，引导私营部门积极参与库区土地退化防治及生态系统修复项目。

2. 要注重体制机制创新

建立公益性与营利性相结合、政府投入与市场机制相结合、生态建设与产业发展相结合的新机制，努力构建具有三峡库区土地退化防治及生态系统修复公私伙伴关系新模式。

3. 要本着平等合作的原则开展库区生态系统修复项目

政府要切实转变职能，注重利益共享、风险共担，为私营部门提供有效的政策保障。私营部门不能抛开服务质量和水平进行恶性价格竞争，政府也不能以管理者的身份获取强势谈判地位，更不能人为压低贴现率而挤压私营部门的合理利润。

4. 要充分认识土地退化防治及生态系统修复项目的特殊性

三峡库区土地退化防治及生态系统修复项目具有长期性特点，难度大，治理效果可能存在不确定性；具有风险性特点，投入高，预期收益不确定；具有公益性特点，受众广，受益对象不确定；具有外部性特点，效益多，产出价值不确定。因此在建立公私伙伴关系时，必须充分加以考虑。

5. 要注重合同的规范性、合法性、可操作性

公私伙伴关系必须建立在明晰的产权关系之上，尤其是三峡库区的土地使用权，经过多次管理体制变更，承包关系、权属结构非常复杂，必须引起足够的重视。

6. 要充分吸收各利益相关方的参与

在三峡库区生态系统修复项目的设计、建设和运营过程中，不仅要考虑政府公共管理部门和私营部门的利益，同时也要考虑当地社区群众的利益，充分听取他们的意见，尽可能吸纳他们参与管理和运营，为他们提供劳动就业和创业的机会。只有这样才能得到全社会的广泛支持。

二、利用公私伙伴关系创新三峡库区退化生态系统修复的政策优势明显

多年以来，国家一直倡导并鼓励私营部门直接参与公共产品和公共服务的供给，已

经出台大量的相关政策和文件，特别是最近两年密集出台有关政策，开始从国家层面全力推进诸多领域的 PPPs 建设与发展。从国家生态文明与生态安全的角度来看，三峡库区退化生态系统修复完全属于公益事业的范畴，因此充分利用公私伙伴关系来创新库区土地退化防治及生态系统修复意义重大。当前良好的 PPPs 政策环境可以通过如下的政策发展历程得到充分反映：

1994 年 3 月出台的《90 年代国家产业政策纲要》提出：要鼓励和引导社会各方面资金参与基础设施和基础工业建设；扩大利用外资的规模和领域，鼓励外商直接投资基础设施和基础工业。公私伙伴关系由此开始提上政策议程。

1998 年起，我国进行了新中国成立以来规模最大的行政管理体制改革，取消了大量的直接管理经济的政府部门，进一步推进了政企分开，为私营部门进入公共服务领域创造了有利的环境。

2001 年 12 月，原国家计划委员会《关于印发促进和引导民间投资的若干意见的通知》中规定：鼓励和允许国内资本进入鼓励和允许外商投资进入的领域，并与外商同样享受实行优惠政策的投资领域。

2002 年，建设部《关于加快市政公用行业市场化进程的意见》中明确提出了"开放市政公用行业投资建设、运营、作业市场，建立政府特许经营制度，引入竞争机制，形成适应社会主义市场经济体制的市政公用行业市场体系"的基本方针。这标志着被称之为"最后堡垒"的城市公共产品行业也将结束政府垄断经营的局面。

2003 年 10 月，中国共产党十六届三中全会通过了《中共中央关于完善社会主义市场经济体制若干问题的决定》，明确提出"放宽市场准入，允许非公有资本进入法律法规未禁入的基础设施、公用事业及其他行业和领域"。这是中国共产党对非公经济进入公共基础设施建设领域做出的正式权威表述。

2004 年 5 月，建设部发布《市政公用事业特许经营管理办法》，对于私营部门参与市政公用事业提出了规范化管理措施。

2005 年 2 月，国务院出台《关于鼓励支持和引导个体私营等非公有制经济发展的若干意见》，进一步明确中国政府对于引进私营资本的积极态度，同时也进一步优化了参与环境，规范了管理制度。

2010 年 5 月，国务院下发《关于鼓励和引导民间投资健康发展的若干意见》，明确提出政府投资主要用于关系国家安全、市场不能有效配置资源的经济和社会领域；对于可以实行市场化运作的基础设施、市政工程和其他公共服务领域，应鼓励和支持民间资本进入。同时，要求各地、各部门为民间资本进入公共服务领域创造良好的环境。

2012 年 6 月，住房和城乡建设部《关于进一步鼓励和引导民间资本进入市政公用事业领域的实施意见》指出，进一步鼓励和引导民间资本进入市政公用事业，是适应城镇化快速发展的需要，是加快和完善市政公用设施建设、推进市政公用事业健康持续发展的需要。《意见》对民营资本进入公共事业的目标和原则、领域和范围、途径和方式、政策和机制、责任和监督等做出了相应的规定。

2014 年 11 月，国务院下发《关于创新重点领域投融资机制鼓励社会投资的指导意见》，大力推进在公共服务、资源环境、生态建设、基础设施等重点领域进一步创新投融资机制，充分发挥社会资本特别是民间资本的积极作用。明确提出推广政府和社会资本合作(PPP)模式。

2015 年 5 月，国务院办公厅转发了财政部、发展改革委、人民银行《关于在公共服务领域推广政府和社会资本合作模式指导意见》，明确指出在公共服务领域推广政府和社会资本合作模式，是转变政府职能、激发市场活力、打造经济新增长点的重要改革举措。围绕增加公共产品和公共服务供给，在能源、交通运输、水利、环境保护、农业、林业、科技、保障性安居工程、医疗、卫生、养老、教育、文化等公共服务领域，广泛采用政府和社会资本合作模式。

由此可见，建立三峡库区退化生态系统修复公私伙伴关系，具有牢固的制度基础以及强有力的政策支持，可利用的政策优势十分明显。

三、三峡库区退化生态系统修复公私伙伴关系的良性循环

公私伙伴关系依托完善的市场改革力量，以合作为核心，在外部推动政府改革，既是公共部门与私营部门的合作，也是政府与非营利组织的合作。公私伙伴关系意味着政府角色的转变，其职能、职责也需相应改变。在此之前需完善相关法律法规，建立有益于私营部门发展的法律框架。公私伙伴关系是安排者、生产者、消费者三者之间的委托代理关系。随着 PPPs 的深入发展，其领域不仅仅在于基础设施建设、公共服务外包等，公共产品供销和利用都应纳入 PPPs 的范畴。这就要求建立制度化的保障机制。要保障公私伙伴关系的良性循环，在制度上要完善相应法律法规，科学定位公共服务外包中的主体与客体；对服务运用效果予以评估。在资金上保障其来源的多样性，一方面将政府购买公共服务纳入政府财政预算，增加预算资金；另一方面对预算外资金、专项业务资金等统筹协调。

此外，私营部门及非营利组织是政府提供公共服务的重要合作伙伴，在提高服务供给水平、扩大民间组织参与供给服务范围方面，政府都发挥着主导作用。政府除直接提供公共性极强的公共服务外，还可通过委托授权等，支持非营利组织和私营部门共同提供公共服务的职责。

总而言之，公私伙伴关系作为公共部门与私人部门之间的一种长期合作机制，其运作的基础在于政府职能的转变，以及各利益相关方的积极参与。只有在明确政府角色定位的基础上，才能抓住公私伙伴关系成功的关键，作为政策工具的公私伙伴关系才能在各领域中发挥其应有作用，利用公私伙伴关系进行三峡库区生态系统的修复也才能具有良好的持续发展前景。

当前，我国正在以科学发展观为指导，大力推进发展方式转变，探索全面、协调、可持续的绿色发展道路。党的十八大提出了全面建成小康社会的奋斗目标。其中，特别强调"把生态文明建设放在突出地位"，将生态文明建设，与经济建设、政治建设、文化建设、社会建设一起，列入"五位一体"总体布局。两年多来，依据十八大的战略部署和全面发展面临的主要矛盾，国家全力推进"四个全面"的发展战略，也就是全面建成小康社会、全面深化改革、全面依法治国、全面从严治党。在这一过程中，生态修复及生态问题将更加受到重视，生态产业将成为实现"绿色发展、低碳发展、循环发展"的重要抓手，必将成为一个朝阳产业。从优化国土空间开发格局到全面促进资源节约，从加大自然生态系统和环境保护力度到加强生态文明制度建设，展望未来的生态文明建设，我国将更加尊重自然规律，更加依靠发展方式转变，更加突出制度保障，更加重视

全民参与。这为私营部门参与土地退化防治及退化生态系统修复提供了良好的历史机遇。

我们相信，随着国家各项法律法规、政策措施的不断完善，随着公私伙伴关系知识的普及和社会认识的不断提高，必将有更多的私营部门参与土地退化防治与生态系统修复，公私伙伴关系在退化生态系统修复领域有着非常广阔的发展前景。然而，就目前的实际情况而言，利用PPPs创新三峡库区退化生态系统修复需要注意如下问题与不足。

(1)公私伙伴关系双方之间的协议或合同不完善，有的根本就没有。这为健康持续的公私伙伴关系发展带来极大的负面影响。因此，注重三峡库区土地退化防治与生态系统修复领域PPPs项目的协议或合同的签定及随后的切实履行十分重要。

(2)公私伙伴关系中风险承担的不合理界定与划分。在三峡库区土地退化防治与生态系统修复PPPs项目中，存在着公私双方对风险承担的不合理界定与划分的现象，走极端的现象较为严重。也就是说，风险的承担要么就是由公共部门完全承担了，要么就是由私营部门完全承担了。公私部门之间对风险的合理界定与划分做得远远不够。特别值得一提的是，当所有的风险均转移到私有部门，在缺乏具有法律约束力的协议或合同时，公共部门事实上面临着极大的潜在风险。例如，当私有部门一旦进行投机性经营或者蓄意假公济私时，政府公共部门将不能及时地加以规制而面临极大的风险与损失，这对三峡库区退化土地防治与生态系统修复极其不利。

(3)缺乏专业的PPPs机构。目前，在三峡库区甚至于绝大多数政府部门，还没有专业的PPPs机构来开展专业的PPPs项目。尽管三峡库区已经开展有大量的PPPs项目，但无法满足PPPs专业性的运营发展需要，阻碍了PPPs的深入发展。组建专业的PPPs机构开展三峡库区土地退化防治及生态系统修复是库区当地政府及有关部门当前应当考虑的一项迫切任务之一。

(4)PPPs专业人才缺乏。目前，在三峡库区，还十分缺乏专业的PPPs人才以及有较强针对性的PPPs系统性研究。建议加大PPPs专业人才的培养力度，通过库区有关主管部门的自身培养或者与高校合作培养，尽快解决PPPs专业人才缺乏的问题。

(5)PPPs标准化建设亟待加强。尽管三峡库区土地退化防治及生态系统修复领域开展PPPs项目已有多年，但是仍然缺乏较为完善的PPPs制度性安排。目前还非常缺乏专业的标准化PPPs合同文本、操作规程、监测评价体系、进入和退出机制等一系列的PPPs标准化制度建设。

(6)跨(领域)途径的PPPs交叉融合发展。如三峡库区的退耕还林、天然林保护等工程，尽管是典型的政策途径PPPs，但已经吸纳了基础设施建设与发展途径PPPs的诸多特点，因而呈现出明显的交叉型、复合型综合特征。这对PPPs项目管理提出了更高要求，需要更多复合型的PPPs专业人才参与直接管理。

(7)进一步完善"租赁—建设—经营—转移(LBOT)"模式。LBOT基础设施途径PPP，是三峡库区开展土地退化防治与生态系统修复的主要模式，需要进一步完善、深化和扩展。作为以农业生产为基础的特大型水库区域，我们要特别注重在三峡库区的县乡与村社层级的LBOT PPP制度性安排，充分挖掘和利用其在基层的最大潜力，有效开展三峡库区的土地退化防治与生态系统修复活动。根据三峡库区目前的实际情况，建议还可以推行"租赁—更新—经营—转移(LUOT)""兴建—(共同/部分)拥有—经营—转移(BOOT)""全包式交易(whole-transaction)""服务外包(SC)"以及"管理外包(MC)"等多种PPP模式。

参 考 文 献

白林利,李昌晓. 2014. 水淹对水杉苗木耐旱性的影响[J]. 林业科学,50(11):166-174.

白祯,黄建国. 2011. 三峡库区护岸林主要树种的耐湿性和营养特性[J]. 贵州农业科学,39(6):166-169.

柏永岩,崔春龙,于远忠. 2005. 浅谈水库边坡稳定性[J]. 地质与资源,14(3):213-215.

包维楷,陈庆桓. 1995. 岷江上游山地生态系统的退化及其恢复与重建对策[J]. 长江流域资源与环境,4(3):277-282.

包维楷,陈庆恒. 1999. 生态系统退化的过程及其特点[J]. 生态学杂志,18(2):36-42.

蔡邦成,陆根法,宋莉娟,等. 2006. 土地利用变化对昆山生态系统服务价值的影响[J]. 生态学报,26(9):3005-3010.

蔡海生,张学玲,朱德海. 2006. 鄱阳湖区土地利用及其退化研究[J]. 人民长江,37(11):86-89.

蔡晓明. 2000. 生态系统生态学[M]. 北京:科学出版社.

曹银贵,王静,刘正军,等. 2007. 三峡库区近30年土地利用时空变化特征分析[J]. 测绘科学,32(6):167-170.

曹银贵,姚林君,郝银,等. 2008. 区域林地格局、驱动与生态价值研究[J]. 水土保持研究,15(2):73-76,79.

曹银贵,周伟,许宁. 2007. 基于典型相关分析的三峡库区土地利用变化研究[J]. 中国国土资源经济,20(3):24-26.

常学礼,赵爱芬. 1999. 生态脆弱带的尺度与等级特征[J]. 中国沙漠,19(2):115-119.

常直杨,王建,白世彪,等. 2014. 基于SRTM DEM数据的三峡库区地貌类型自动划分[J]. 长江流域资源与环境,23(12):1665-1670.

陈超. 2010. 重庆三峡库区人口承载力分析[D]. 重庆:重庆工商大学.

陈春,吴大洋,孙波. 2004. 三峡库区建成片桑园对水土保持效果的初步研究[J]. 中国蚕业,25(1):22-23.

陈聪. 2014. 基于不同分析方法的三峡库区干流水质评价研究[D]. 武汉:华中农业大学.

陈国建,吴德涛,土彩霞,等. 2009. 三峡库区重庆段水土流失动态变化[J]. 中国水土保持科学,7(5):105-110.

陈国阶,徐琪,杜榕恒,等. 1995. 三峡工程对生态与环境的影响及对策研究[M]. 北京:科学出版社:332.

陈利顶,李俊然,傅伯杰. 2001. 三峡库区生态环境综合评价与聚类分析[J]. 农村生态环境,17(3):35-38.

陈美球,黄靓,蔡海生,等. 2004. 鄱阳湖区土地健康评价[J]. 自然资源学报,19(2):170-175.

陈美球,赵宝苹,罗志军,等. 2013. 基于RS与GIS的赣江上游流域生态系统服务价值变化[J]. 生态学报,33(9):2761-2767.

陈明祥. 2010. 宜昌市天保工程十年建设成效分析[J]. 中国林业,(1):60.

陈雅棠,崔保华,刘德绍,等. 2007. 三峡库区生态环境保护和建设对策研究报告[R]. 重庆.

陈英姿,景跃军. 2006. 吉林省相对资源承载力与可持续发展研究[J]. 人口学刊,(1):41-45.

陈治谏,廖晓勇,刘邵权,等. 2004. 三峡库区坡耕地持续性利用技术及效益分析[J]. 水土保持研究,11(3):85-87.

程冬兵,蔡崇法,孙艳艳. 2006. 退化生态系统植被恢复理论与技术探讨[J]. 世界林业研究,19(5):7-14.

程琳,李锋,邓华锋. 2011. 中国超大城市土地利用状况及其生态系统服务动态演变[J]. 生态学报,31(20):6194-6203.

程水英,李团胜. 2004. 土地退化的研究进展[J]. 干旱区资源与环境,18(3):38-43.

重庆市统计局. 2002. 重庆统计年鉴2001[M]. 北京:中国统计出版社.

重庆市统计局. 2003. 重庆统计年鉴2002[M]. 北京:中国统计出版社.

重庆市统计局. 2004. 重庆统计年鉴2003[M]. 北京:中国统计出版社.

重庆市统计局. 2005. 重庆统计年鉴2004[M]. 北京:中国统计出版社.

重庆市统计局. 2006. 重庆统计年鉴 2005 [M]. 北京：中国统计出版社.

重庆市统计局. 2007. 重庆统计年鉴 2006 [M]. 北京：中国统计出版社.

重庆市统计局. 2008. 重庆统计年鉴 2007 [M]. 北京：中国统计出版社.

重庆市统计局. 2009. 重庆统计年鉴 2008 [M]. 北京：中国统计出版社.

重庆市统计局. 2010. 重庆统计年鉴 2009 [M]. 北京：中国统计出版社.

重庆市统计局. 2011. 重庆统计年鉴 2010 [M]. 北京：中国统计出版社.

重庆市统计局. 2012. 重庆统计年鉴 2011 [M]. 北京：中国统计出版社.

重庆市统计局. 2013. 重庆统计年鉴 2012 [M]. 北京：中国统计出版社.

重庆市统计局. 2014. 重庆统计年鉴 2013 [M]. 北京：中国统计出版社.

崔保山, 杨志峰. 2002. 湿地生态系统健康评价指标体系Ⅱ. 方法与案例[J]. 生态学报, 22(8)：1231-1239.

戴方喜, 许文年, 刘德富, 等. 2006. 对构建三峡库区消落带梯度生态修复模式的思考[J]. 中国水土保持, (1)：34-36.

代力民, 王青春, 邓红兵, 等. 2002. 二道白河河岸带植物群落最小面积与物种丰富度[J]. 应用生态学报, 13(6)：641-645.

戴玉伟, 朱弘, 杜宏志, 等. 2009. 论桑树资源经济价值和生态功能[J]. 防护林科技, (1)：78-80.

邓春光, 任照阳. 2007. 浅谈植物修复技术在三峡库区富营养化修复中的应用[J]. 安徽农业科学, 35 (5)：1479-1480.

邓红兵, 王青春, 代力民, 等. 2003. 长白山北坡河岸带群落植物区系分析[J]. 应用生态学报, 14(9)：1405-1410.

董杰, 杨达源, 李爱英, 等. 2005. 三峡库区耕地利用变化及其对策研究——以重庆市忠县为例[J]. 长江流域资源与环境, 14(3)：337-341.

董杰, 杨达源. 2008. 三峡库区退化土壤生态系统恢复与重建研究[J]. 水土保持研究, 15(3)：234-238.

董洁, 杨达源. 2010. 三峡库区的土地退化与生态重建[M]. 北京：科学出版社.

董瑞华, 陈伟国, 戴建忠, 等. 2011. 冬春季不同淹涝胁迫强度对桑苗和桑树生长的影响[J]. 蚕桑通报, 42 (3)：12-16, 20.

董哲仁. 2004. 河流保护的发展阶段及思考[J]. 中国水利, (17)：16-17, 32.

杜伯辉. 2006. 柘溪水库塘岩光滑坡——我国首例水库蓄水初期诱发的大型滑坡[A] // 第二届全国岩土与工程学术大会论文集(上册)[C]. 北京：中国科学技术出版社：910-922.

杜高赞, 高美荣. 2011. 三峡库区典型消落带土壤粒径分布及分形特征[J]. 南京林业大学学报：自然科学版, 35 (1)：47-50.

杜周和, 刘俊凤, 刘刚, 等. 2001. 桑树作水土防护经济林的研究[J]. 广西蚕业, 38(3)：10-11.

杜佐华, 严国安. 1999. 三峡库区水土保持与生态环境改善[J]. 长江流域资源与环境, 8(3)：299-304.

段瑞娟, 郝晋珉, 张洁瑕. 北京区位土地利用与生态服务价值变化研究[J]. 农业工程学报, 2006, 22(9)：21-28.

段树国. 2006. 塔里木河流域生态系统健康评价——以塔里木河中段为例[D]. 乌鲁木齐：新疆大学.

樊哲文, 刘木生, 沈文清, 等. 2009. 江西省生态脆弱性现状 GIS 模型评价[J]. 地球信息科学学报, 11(2)：231-238.

冯大兰, 刘芸, 黄建国, 等. 2009. 三峡库区消落带芦苇穗期光合生理特性研究[J]. 水生生物学报, 33(5)：866-873.

冯大兰, 刘芸, 钟章成. 2006. 三峡库区消落带现状与对策研究[J]. 中国农学通报, 22(4)：378-381.

冯利华, 黄亦君. 2003. 生态环境脆弱度的综合评价[J]. 热带地理, 23(2)：102-104, 114.

冯茹. 2014. 重庆市森林生态系统服务价值评价[D]. 重庆：西南大学.

冯义龙, 先旭东, 王海洋. 2007. 重庆市区消落带植物群落分布特点及淹水后演替特点预测[J]. 西南师范大学学报：自然科学版, 32(5)：112-117.

付爱红, 陈亚宁, 李卫红. 2009. 塔里木河流域生态系统健康评价[J]. 生态学报, 29(5)：2418-2426.

付博, 姜琦刚, 任春颖. 2011. 扎龙湿地生态脆弱性评价与分析[J]. 干旱区资源与环境, 25(1)：49-52.

傅伯杰, 刘世梁, 马克明. 2001. 生态系统综合评价的内容与方法[J]. 生态学报, 21(11): 1885-1892.

傅伯杰, 张立伟. 2014. 土地利用变化与生态系统服务: 概念、方法与进展[J]. 地理科学进展, 33(4): 441-446.

高路, 陈思, 周洪建, 等. 2008. 重庆市 2006 年特大旱灾分析与灾后恢复性研究. 自然灾害学报, 17(1): 21-26.

顾芗, 周生路, 张红富, 等. 2009. 南京市生态系统服务价值时间变化及区域差异分析[J]. 生态学杂志, 28(3): 497-502.

顾晓山. 1991. 不同桑品种吸氟性能的比较[J]. 江苏蚕业, (1): 52-53.

郭宏忠, 于亚莉. 2010. 重庆三峡库区水土流失动态变化与防治对策[J]. 中国水土保持, (4): 58-59.

郭树宏, 王菲凤, 张江山, 等. 2008. 基于 PSR 模型的福建山仔水库生态安全评价[J]. 湖泊科学, 20(6): 814-818.

韩露, 张小平, 刘必融, 等. 2005. 香根草对土壤中几种重金属离子富集能力的比较研究[J]. 生物学杂志, 22(5): 20-23.

贺秀斌, 谢宗强, 南宏伟, 等. 2007. 三峡库区消落带植被修复与蚕桑生态经济发展模式[J]. 科技导报, 25(23): 59-63.

洪双旌. 2004. 水土保持生态的修复需要人工的合理干预[J]. 水土保持研究, 11(3): 307-309.

洪鑫. 2011. 水库库岸稳定性的分析[J]. 山西建筑, 37(19): 220-221.

侯新文, 尹志轩, 张建伟, 等. 基于模糊数学法的青岛市农村城市化地质环境适宜性研究[J]. 安徽农业科学, 2010, 38(21): 11397-11399.

胡和兵, 刘红玉, 郝敬锋, 等. 2013. 城市化流域生态系统服务价值时空分异特征及其对土地利用程度的响应[J]. 生态学报, 33(8): 2565-2576.

黄彬. 2010. 关于重庆市水系森林工程规划及建设的思考[J]. 中国水土保持, (3): 23-24.

黄从德, 张建, 杨万勤, 等. 2008. 四川省及重庆地区森林植被碳储量动态[J]. 生态学报, 28(3): 966-975.

黄金国. 2005. 洞庭湖区湿地退化现状及保护对策[J]. 水土保持研究, 12(4): 261-263.

黄凯, 郭怀成, 刘永, 等. 2007. 河岸带生态系统退化机制及其恢复研究进展[J]. 应用生态学报, 18(6): 1373-1382.

江波, 欧阳志云, 苗鸿, 等. 2011. 海河流域湿地生态系统服务功能价值评价[J]. 生态学报, 31(8): 2236-2244.

江明喜, 邓红兵, 唐涛, 等. 2002. 香溪河流域河岸带植物群落物种丰富度格局[J]. 生态学报, 22(5): 629-635.

江晓波, 马泽忠, 曾文蓉, 等. 2004. 三峡地区土地利用/土地覆被变化及其驱动力分析[J]. 水土保持学报, 18(4): 108-112.

蒋晶, 田光进. 2010. 1988 年至 2005 年北京生态服务价值对土地利用变化的响应[J]. 资源科学, 32(7): 1407-1416.

蒋佩华, 谢世友, 熊平生. 2006. 长江三峡库区生态环境退化及其恢复与重建[J]. 国土与自然资源研究, (2): 54-55.

蒋卫国, 李京, 李加洪, 等. 2005. 辽河三角洲湿地生态系统健康评价[J]. 生态学报, 25(3): 408-414.

靳毅, 蒙吉军. 2011. 生态脆弱性评价与预测研究进展[J]. 生态学杂志, 30(11): 2646-2652.

康乐. 1990. 受害生态系统的恢复与重建. 见马世骏主编: 现代生态学透视[M]. 北京: 科学出版社: 300-307.

孔红梅, 赵景柱, 姬兰柱, 等. 2002. 生态系统健康评价方法初探[J]. 应用生态学报, 13(4): 486-490.

李昌晓, 耿养会, 叶兵. 2010. 落羽杉与池杉幼苗对多种胁迫环境的响应及对三峡库区库岸防护林营建的启示[J]. 林业科学, 46(10): 144-152.

李昌晓, 李昌阳, 汤兴华. 2003. 几种典型混农林业模式的综合评价[J]. 西南师范大学学报: 自然科学版, 28(2): 288-293.

李春晖, 郑小康, 崔嵬, 等. 2008. 衡水湖流域生态系统健康评价[J]. 地理研究, 27(3): 565-573.

李梗, 刘晓冉, 刘德, 等. 2011. 重庆市伏旱时空变化特征[J]. 气象科技, 39(1): 27-32.

李惠梅, 张安录, 高泽兵, 等. 2012. 青海湖地区生态系统服务价值变化分析[J]. 地理科学进展, 31(12): 1747-1754.

李丽锋, 惠淑荣, 宋红丽, 等. 2013. 盘锦双台河口湿地生态系统服务功能能值价值评价[J]. 中国环境科学, 33

（8）：1454 - 1458.

李建国，刘金萍，刘丽丽，等. 2010. 基于灰色极大熵原理的三峡库区（重庆段）生态系统健康评价[J]. 环境科学学报，30（11）：2344 - 2352.

李静文，施文，余丽凡，等. 2010. 丽娃河受损退化生态系统的近自然恢复工程及效果分析[J]. 华东师范大学学报：自然科学版，（4）：35 - 43，66.

李炯光. 2005. 三峡库区区域经济发展状况的实证研究[J]. 中国人口资源与环境，15（4）：63 - 68.

李仁芳，张信伟. 2010. 三峡库区忠县段水环境状况分析[J]. 三峡环境与生态，32（4）：40 - 43.

李晓东，曾光明，梁婕，等. 2009. 基于层次分析法的洞庭湖健康评价[J]. 人民长江，40（14）：22 - 25.

李永建，李斗果，王德蕊. 2005. 三峡工程Ⅱ期蓄水对支流富营养化的影响[J]. 西南农业大学学报：自然科学版，27（4）：474 - 478.

李月臣，刘春霞，熊德芳. 2010. 重庆都市区土地利用/覆盖变化驱动机制分析[J]. 重庆师范大学学报：自然科学版，21（1）：37 - 46.

李月臣，刘春霞，赵纯勇，等. 2008. 三峡库区重庆段水土流失的时空格局特征[J]. 地理学报，63（5）：502 - 513.

李月臣，刘春霞. 2010. 三峡库区（重庆段）水土流失的社会经济驱动机制研究[J]. 水土保持研究，17（5）：222 - 225.

李正，王军，白中科，等. 2012. 贵州省土地利用及其生态系统服务价值与灰色预测[J]. 地理科学进展，31（5）：577 - 583.

廖炜，李璐，吴宜进，等. 2011. 丹江口库区土地利用变化与生态环境脆弱性评价[J]. 自然资源学报，26（11）：1879 - 1889.

廖玉静，宋长春. 2009. 湿地生态系统退化研究综述[J]. 土壤通报，（5）：1199 - 1203.

林波，尚鹤，姚斌，等. 2009. 湿地生态系统健康研究现状[J]. 世界林业研究，22（6）：24 - 30.

林翎，曹学章. 2007. 建立我国生态环境标准体系的重要性[J]. 标准科学，19：23 - 24.

林贤福. 2006. 应用迈阿密模型分析宁德市土地气候生产潜力[J]. 宁德师专学报（自然科学版），18（1）：13 - 15.

林晓渝，臧洁，丁昊，等. 2010. 三峡库区消落带饲料桑耐淹种植试验初报[J]. 林业实用技术，（10）：16 - 17.

岑慧贤，王树功. 1999. 生态恢复与重建[J]. 环境科学进展，7（6）：110 - 115.

刘爱霞，王静，刘正军. 2009. 三峡库区土壤侵蚀遥感定量监测——基于 GIS 和修正通用土壤流式方程的研究[J]. 自然灾害学报，18（4）：25 - 30.

刘光德，李其林，黄昀. 2003. 三峡库区面源污染现状与对策研究[J]. 长江流域资源与境，12（5）：462 - 466.

刘国彬，杨勤科，陈云明，等. 2005. 水土保持生态修复的若干科学问题[J]. 水土保持学报，19（6）：126 - 130.

刘国华，傅伯杰，方精云. 2000. 中国森林碳动态及其对全球碳平衡的贡献[J]. 生态学报，20（5）：733 - 740.

刘国辉. 2007. 重庆市三峡库区人口分布与经济社会发展不适应性分析[J]. 天府新论，（3）：69 - 76.

刘纪根，张平仓，喻惠花. 2007. 长江流域典型水土流失区健康诊断[A]//节能环保和谐发展——2007 中国科协年会论文集（三）[C].

刘金勇，孔繁花，尹海伟，等. 2013. 济南市土地利用变化及其对生态系统服务价值的影响[J]. 应用生态学报，24（5）：1231 - 1236.

刘明华，董贵华. 2005. 城市生态系统健康评价指标体系的构建——以秦皇岛市生态系统为例[J]. 中国疗养医学，14（3）：161 - 164.

刘晓辉，吕宪国，姜明，等. 2008. 湿地生态系统服务功能的价值评估[J]. 生态学报，28（11）：5625 - 5631.

刘信安，柳志祥. 2004. 三峡库区消落带流域的生态重建技术分析[J]. 重庆师范大学学报：自然科学版，21（2）：60 - 63.

刘艳，黄乔乔，马博英，等. 2006. 高温干旱胁迫下香根草光合特性等生理指标的变化[J]. 林业科学研究，19（5）：638 - 642.

刘永红，倪巍. 2011. 天保工程二期政策及相关问题解读[J]. 林业经济（9）：45 - 50.

刘芸. 2011. 桑树在三峡库区植被恢复中的应用前景[J]. 蚕业科学，37（1）：93 - 97.

刘正佳，于兴修，李蕾，等. 2011. 基于 SRP 概念模型的沂蒙山区生态环境脆弱性评价[J]. 应用生态学报，22（8）：

2084 – 2090.

龙笛, 张思聪. 2006. 滦河流域生态系统健康评价研究[J]. 中国水土保持, (3): 14 – 16.

卢亚灵, 颜磊, 许学工. 2010. 环渤海地区生态脆弱性评价及其空间自相关分析[J]. 资源科学, 32(2): 303 – 308.

陆健健, 何文珊, 童春富, 等. 2006. 湿地生态学[M]. 北京: 高等教育出版社.

罗芳丽, 曾波, 陈婷, 等. 2007. 三峡库区岸生植物秋华柳对水淹的光合和生长响应[J]. 植物生态学报, 31(5): 910 – 918.

罗明, 龙花楼. 2005. 土地退化研究综述[J]. 生态环境, 14(2): 287 – 293.

罗新正, 朱坦. 2002. 河北迁西县山区生态环境脆弱性分区初探[J]. 山地学报, 20(3): 348 – 353.

罗跃初, 周忠轩, 孙轶, 等. 2003. 流域生态系统健康评价方法[J]. 生态学报, 23(8): 1606 – 1614.

马博英. 2009. 香根草逆境生理生态适应研究进展[J]. 生物学杂志, 26(1): 65 – 68.

马凤娇, 刘金铜. 2014. 基于能值分析的农田生态系统服务评估——以河北省栾城县为例[J]. 资源科学, 36(9): 1949 – 1957.

马克明, 孔红梅, 关文彬, 等. 2001. 生态系统健康评价: 方法与方向[J]. 生态学报, 21(12): 2106 – 2116.

马利民, 唐燕萍, 张明, 等. 2009. 三峡库区消落区几种两栖植物的适生性评价[J]. 生态学报, 29(4): 1885 – 1892.

马跃, 王正荣. 2008. 适宜三峡库区消落带的八种植物[J]. 南方农业(园林花卉版), 2(3): 42 – 46.

米文宝, 谢应忠. 2006. 生态恢复与重建研究综述[J]. 水土保持研究, 13(2): 49 – 53, 77.

米自由, 李传富. 2002. 人工种草是三峡库区生态安全的需要[J]. 草业科学, 19(4): 74 – 76.

牟萍. 2010. 三峡库区(重庆段)土地利用的安全方略——以恢复退化的森林景观为例[J]. 安徽农业科学, 38(22): 12081 – 12083, 12086.

南颖, 吉喆, 冯恒栋, 等. 2013. 基于遥感和地理信息系统的图们江地区生态安全评价[J]. 生态学报, 33(15): 4790 – 4798.

欧阳志云, 王如松, 赵景柱. 1999. 生态系统服务功能及其生态经济价值评价[J]. 应用生态学报, 10(5): 635 – 640.

潘影, 张茜, 甄霖, 等. 2011. 北京市平原区不同圈层绿色空间格局及生态服务变化[J]. 生态学杂志, 30(4): 818 – 823.

裴广领, 叶昭艳, 严辉, 等. 2011. 污染土壤生态修复技术研究现状与展望[J]. 河南化工, 28(1): 24 – 25.

彭月, 何丙辉, 黄世友, 等. 2011. 大都市卫星城镇用地扩张及其驱动力分析——重庆市北碚区为例[J]. 资源科学, 33(4): 704 – 711.

彭月, 何丙辉. 2012. 重庆市主城区 1986—2007 年用地时空演化特征分析[J]. 地球信息科学学报, 14(5): 635 – 643.

彭少麟, 陆宏芳. 2003. 恢复生态学焦点问题[J]. 生态学报, 23(7): 1249 – 1257.

彭少麟. 2007. 恢复生态学[M]. 北京: 气象出版社.

彭月. 2010. 三峡库区(重庆)典型区县土地利用/覆被变化及其生态环境效应分析[D]. 重庆: 西南大学.

秦磊, 韩芳, 宋广明, 等. 2013. 基于 PSR 模型的七里海湿地生态脆弱性评价研究[J]. 中国水土保持, (5): 69 – 72.

邱彭华, 徐颂军, 谢跟踪, 等. 2007. 基于景观格局和生态敏感性的海南西部地区生态脆弱性分析[J]. 生态学报, 27(4): 1257 – 1264.

冉圣宏, 金建君, 薛纪渝. 2002. 脆弱生态区评价的理论与方法[J]. 自然资源学报, 17(1): 117 – 122.

任海, 彭少麟. 2001. 恢复生态学导论[M]. 北京: 科学出版社.

任海, 彭少麟, 陆宏芳. 2004. 退化生态系统恢复与恢复生态学[J]. 生态学报, 24(8): 1756 – 1764.

任海, 邬建国, 彭少麟. 2000. 生态系统健康的评估[J]. 热带地理, 20(4): 310 – 316.

任鸿瑞. 2010. 三峡库区土地利用总体规划初探[J]. 重庆师范大学学报: 自然科学版, 27(4): 31 – 35.

任雪梅, 杨达源, 徐永辉, 等. 2006. 三峡库区消落带的植被生态工程[J]. 水土保持通报, 26(1): 42 – 43, 49.

商彦蕊. 2000. 自然灾害综合研究的新进展——脆弱性研究[J]. 地域研究与开发, 19(2): 73 – 77.

尚立照, 张龙生. 2010. 基于"成因—结果"指标的甘肃各县区生态脆弱性定量评价[J]. 中国水土保持, (6): 11 – 13.

邵怀勇, 仙巍, 杨武年, 等. 2008. 三峡库区近50年间土地利用/覆被变化[J] 应用生态学报, 19(2): 453-458.

邵田, 张浩, 邹锦明, 等. 2008. 三峡库区(重庆段)生态系统健康评价[J]. 环境科学研究, 21(2): 99-104.

盛芝露, 赵筱青, 李佩泽. 2011. 中国流域生态系统健康评价研究进展[J]. 云南地理环境研究, 23(2): 52-58.

史德明, 梁音. 2002. 我国脆弱生态环境的评估与保护[J]. 水土保持学报, 16(1): 6-10.

史德明. 1991. 土壤侵蚀对生态环境的影响及防治对策[J]. 水土保持学报, 5(3): 1-8.

四川省财政厅. 2009. 长江上游生态保护大见成效[J]. 中国财政, (20): 20-21.

四川省畜牧局. 1989. 川西北草地资源[M]. 成都: 四川民旗出版社.

宋轩, 杜丽平, 李树人, 等. 2003. 生态系统健康的概念、影响因素及其评价的研究进展[J]. 河南农业大学学报, 37
    (4): 375-378, 391.

苏国兴. 1998. 盐胁迫下桑树活性氧代谢的变化与耐盐性关系[J]. 苏州大学学报: 自然科学版, 14(1): 85-90.

苏国兴, 陆小平. 1999. 桑树抗盐机理初探[J]. 南京师范大学学报: 自然科学版, 2(3): 224-227.

苏维词. 2004. 三峡库区消落带的生态环境问题及其调控[J]. 长江科学院院报, 21(2): 32-34, 41.

孙华, 白红英, 张清雨, 等. 2010. 基于 SPOT VEGETATION 的秦岭南坡近10年来植被覆盖变化及其对温度的响应
    [J]. 环境科学学报, 30(3): 649-654.

孙东亚, 董哲仁, 赵进勇. 2007. 河流生态修复的适应性管理方法[J]. 水利水电技术, 38(2): 57-59.

孙晓霞, 张继贤, 刘正军. 2008. 三峡库区土地利用时序变化遥感监测与分析[J]. 长江流域资源与环境, 17(4):
    557-560.

孙毅, 郭建斌, 党普兴, 等. 2007. 湿地生态系统修复理论及技术[J]. 内蒙古林业科技, 33(3): 33-35, 38.

唐涛, 蔡庆华, 刘建康. 2002. 河流生态系统健康及其评价[J]. 应用生态学报, 13(9): 1191-1194.

田胜尼, 刘登义, 彭少麟, 等. 2004. 香根草和鹅观草对 Cu、Pb、Zn 及其复合物重金属的耐性研究[J]. 生物学杂
    志, 21(3): 15-19, 26.

田亚平, 向清成, 王鹏. 2013. 区域人地耦合系统脆弱性及其评价指标体系[J]. 地理研究, 1(1): 55-63.

田永中, 岳天祥. 2003. 生态系统评价的若干问题探讨[J]. 中国人口·资源与环境, 13(2): 17-22.

涂建军, 陈治谏, 陈国阶, 等. 2002. 三峡库区消落带土地整理利用——以重庆市开县为例[J]. 山地学报, 20(6):
    712-717.

汪涛, 黄子杰, 吴昌广, 等. 2011. 基于分形理论的三峡库区土壤侵蚀空间格局变化[J]. 中国水土保持科学, 9(2):
    47-51, 56.

王传武. 2009. 济宁市相对资源承载力与可持续发展[J]. 地理科学进展, 28(3): 460-464.

王海锋. 2008. 不同季节长期水淹对几种陆生植物的存活、生长和恢复生长的影响[D]. 重庆: 西南大学.

王海洋, 陈家宽, 周进. 1999. 水位梯度对湿地植物生长、繁殖和生物量分配的影响[J]. 植物生态学报, 23(3):
    269-274.

王经民, 汪有科. 1996. 黄土高原生态环境脆弱性计算方法探讨[J]. 水土保持通报, 16(3): 32-36.

王鹏, 曹学章, 董杰. 2004. 三峡库区土地利用变化的特征与趋势[J]. 资源开发与市场(专题研究), 20(6): 433
    -435, 472.

王鹏, 吴炳方, 张磊, 等. 2010. 三峡水库建设期秭归县土地利用时空变化特征分析[J]. 农业工程学报, 26(6):
    302-309.

王强, 刘红, 袁兴中, 等. 2009. 三峡水库蓄水后澎溪河消落带植物群落格局及多样性[J]. 重庆师范大学学报: 自然
    科学版, 26(4): 48-54.

王翔. 2014-06-23. 三峡库区消落带治理水下10米可种树[R]. 人民日报.

王小丹, 钟祥浩. 2004. 生态环境脆弱性概念的若干问题探讨[J]. 山地学报, 21(B12): 21-25.

王岩, 方创琳, 张蔷. 2013. 城市脆弱性研究评述与展望[J]. 地理科学进展, 32(5): 755-768.

王言荣, 郝永红, 刘洁. 2004. 山西省生态环境脆弱性分析[J]. 中国水土保持, (12): 16-17.

王莹, 郑丽波, 俞立中, 等. 2010. 基于神经元网络模型的崇明东滩湿地生态系统健康评估[J]. 长江流域资源与环
    境, (7): 776-781.

王勇, 厉恩华, 吴金清. 2002. 三峡库区消涨带维管植物区系的初步研究[J]. 武汉植物学研究, 20(4): 265-274.

王震洪, 段昌群, 徐以宏, 等. 2000. 云贵高原小流域生态系统治理效益研究——以云南省牟定县龙川河小流域为例 [J]. 水土保持通报, 20(5): 25 - 28.

王震洪, 朱晓柯. 2006. 国内外生态修复研究进展综述[A]//发展水土保持科技、实现人与自然和谐, 中国水土保持学会第三次全国会员代表大会学术论文集[C].

魏启扬. 2000. 构建三峡生态经济区的必要性分析[J]. 生态经济, (7): 10 - 13.

吴炳方, 罗治敏. 2007. 基于遥感信息的流域生态系统健康评价—以大宁河流域为例[J]. 长江流域资源与环境, 16 (1): 102 - 106.

吴昌广, 周志翔, 肖文发, 等. 2012. 基于MODISNDVI的三峡库区植被覆盖度动态监测[J]. 林业科学, 48(1): 22 - 28.

吴海珍, 阿如旱, 郭田保, 等. 2011. 基于RS和GIS的内蒙古多伦县土地利用变化对生态服务价值的影响[J]. 地理科学, 31(1): 110 - 116.

夏梦河, 姚俊杰. 2006. 河流生态系统修复中的有关尺度、重点及程度问题探讨[J]. 浙江水利科技, (5): 19 - 21.

肖风劲, 欧阳华. 2002. 生态系统健康及其评价指标和方法[J]. 自然资源学报, 17(2): 203 - 209.

肖天贵, 金琳琅. 2001. 重建生态环境体系的系统思考[J]. 系统辩证学学报, 9(1): 46 - 51.

肖文发, 雷静品. 2004. 三峡库区森林植被恢复与可持续经营[J]. 长江流域资源与环境, 13(2): 138 - 144.

谢高地, 鲁春霞, 冷允法, 等. 2003. 青藏高原生态资产的价值评估[J]. 自然资源学报, 18(2): 189 - 196.

谢高地, 甄霖, 鲁春霞, 等. 2008. 一个基于专家知识的生态系统服务价值化方法[J]. 自然资源学报, 23(5): 911 - 919.

谢红勇, 扈志洪. 2004. 三峡库区消落带生态重建原则及模式研究[J]. 开发研究, (3): 36 - 39. .

熊德志, 梁吉平, 李华刚, 等. 2008. 江河库岸再造的危害与防治研究[J]. 国外建材科技, 29(6): 119 - 122.

熊俊, 袁喜, 梅朋森, 等. 2011. 三峡库区消落带环境治理和生态恢复的研究现状与进展[J]. 三峡大学学报: 自然科学版, 33(2): 23 - 28.

徐广才, 康慕谊, 贺丽娜, 等. 2009. 生态脆弱性及其研究进展[J]. 生态学报, 29(5): 2578 - 2588.

徐涵秋. 2013. 水土流失区生态变化的遥感评估[J]. 农业工程学报, 29(7): 91 - 97.

徐琪, 章家恩, 董元华. 2000. 三峡地区土壤生态退化评价——以秭归县为例[J]. 世界科技研究与发展, (s1): 16 - 22.

徐昔保, 杨桂山, 李恒鹏, 等. 2011. 三峡库区蓄水运行前后水土流失时空变化模拟及分析[J]. 湖泊科学, 23(3): 429 - 434.

徐治国, 何岩, 闫百兴, 等. 2006. 营养物及水位变化对湿地植物的影响[J]. 生态学杂志, 25(1): 87 - 92.

许诺, 孟伟庆, 翟付群, 等. 2013. 天津滨海新区土地利用变化对生态系统服务价值的影响[J]. 城市环境与城市生态, 26(1): 5 - 8.

许倍慎, 周勇, 徐理, 等. 2011. 湖北省潜江市生态系统服务功能价值空间特征[J]. 生态学报, 31(24): 7379 - 7387.

许厚泽. 1988. 长江三峡工程对生态与环境的影响及对策研究[M]. 北京: 科学出版社.

许文年, 夏振尧, 戴方喜, 等. 2005. 恢复生态学理论在岩质边坡绿化工程中的应用[J]. 中国水土保持, (4): 31 - 33.

许文年, 叶建军, 周明涛, 等. 2004. 植被混凝土护坡绿化技术若干问题探讨[J]. 水利水电技术, 35(10): 50 - 52.

薛纪渝, 罗承平. 1995. 生态环境综合整治和恢复技术研究第二集[M]. 北京: 北京科学技术出版社: 19 - 24.

薛泉宏, 同延安. 2008. 土壤生物退化及其修复技术研究进展[J]. 中国农业科技导报, 10(4): 28 - 35.

颜利, 王金坑, 黄浩. 2008. 基于PSR框架模型的东溪流域生态系统健康评价[J]. 资源科学, 30(1): 107 - 113.

闫玉华, 钟成华, 邓春光. 2008. 三峡库区库湾富营养化生态修复应用研究[J]. 山西建筑, 34(17): 15 - 16.

杨达源, 李徐生, 冯立梅, 等. 2002. 长江三峡库区崩塌滑坡的初步研究[J]. 地质力学学报, 8(2): 173 - 178.

杨达源. 2006. 长江地貌过程[M]. 北京: 地质出版社.

杨达源, 李徐生, 韩志勇, 等. 2010. 长江三峡库岸带崩滑灾害的预测与预防[J]. 地质学刊, (1): 52 - 56.

杨建平, 丁永建, 陈仁升. 2007. 长江黄河源区生态环境脆弱性评价初探[J]. 中国沙漠, 27(6): 1012 - 1017.

杨京平, 卢剑波. 2002. 生态恢复工程技术[M]. 北京: 化学工业出版社.

杨柳, 李湘煜. 2004. 三峡电站库区耕地资源现状及可持续利用刍议[J]. 四川水力发电, 23(4): 18-20.

杨勤业, 张镱锂, 李国栋. 1992. 中国的环境脆弱形势和危急区域[J]. 地理研究, 11(4): 1-10.

杨清伟, 刘睿, 秦诚. 2006. 三峡水利工程对库区消落带土地资源的影响及可持续利用探讨[J]. 重庆交通学院学报, 25(6): 147-149, 164.

杨胜天, 王雪蕾, 刘昌明, 等. 2007. 岸边带生态系统研究进展[J]. 环境科学学报, 27(6): 894-905.

杨拓, 陆宁. 2011. 公私伙伴关系的定位与调适[J]. 经济与管理, 25(12): 29-33.

姚成胜, 朱鹤健, 吕晞, 等. 2009. 土地利用变化的社会经济驱动因子对福建生态系统服务价值的影响[J]. 自然资源学报, 24(2): 225-233.

姚建, 艾南山, 丁晶. 2003. 中国生态环境脆弱性及其评价研究进展[J]. 兰州大学学报: 自然科学版, 39(3): 77-80.

姚建, 丁晶, 艾南山. 2004. 岷江上游生态脆弱性评价[J]. 长江流域资源与环境, 13(4): 380-383.

姚维科, 崔保山, 刘杰, 等. 2006. 大坝的生态效应: 概念、研究热点及展望[J]. 生态学杂志, 25(4): 428-434.

尹连庆, 解莉. 2007. 生态系统健康评价的研究进展[J]. 环境科学与管理, 32(11): 163-167.

於琍, 曹明奎, 李克让. 2005. 全球气候变化背景下生态系统的脆弱性评价[J]. 地理科学进展, 24(1): 61-69.

余瑞林, 王新生, 张红. 2006. 三峡库区土地利用时空变化特征及其驱动力分析[J]. 湖北大学学报: 自然科学版, 28(4): 429-432.

余新晓, 牛健植, 徐军亮, 等. 2004. 山区小流域生态修复研究[J]. 中国水土保持科学, 2(1): 4-10.

余渔. 2002. 生态破坏使西部年损失千亿元[J]. 福建环境, 19(3): 28.

虞孝感. 2002. 长江流域生态环境的意义及生态功能区段的划分[J]. 长江流域资源与环境, 11(4): 323-326.

袁传武, 史玉虎, 唐万鹏, 等. 2011. 鄂西三峡库区森林植被数量及分布的变化分析[J]. 南京林业大学学报: 自然科学版, 35(2): 139-142.

袁兴中, 肖红艳, 颜文涛, 等. 2012. 成渝经济区土地利用与生态服务价值动态分析[J]. 生态学杂志, 31(1): 180-186.

岳巧丽. 2011. 重庆市土地利用动态变化及土地利用结构合理性分析[D]. 重庆: 西南大学硕士学位论文.

张凤龙, 谢必武, 夏洪远. 2011. 长江两岸森林工程建设中实践难题及对策[J]. 林业经济问题, 31(1): 85-89.

张国栋, 贾斌, 于萍萍. 2009. 三峡库区生态环境现状及对策研究[J]. 资源环境与发展, (2): 26-28.

张虹. 2008. 三峡重庆库区消落区基本特征与生态功能分析[J]. 长江流域资源与环境, 17(3): 374-378.

张磊, 董立新, 吴炳方, 等. 2007. 三峡水库建设前后库区10年土地覆盖变化[J]. 长江流域资源与环境, 16(1): 107-112.

张猛. 2014. 基于景观格局的生态系统健康评价[D]. 长沙: 湖南师范大学.

张平仓, 刘纪根, 黄思平. 2009. 基于水土流失率的健康长江评价初步研究[J]. 人民长江, 40(17): 25-28.

张晓红, 黄清麟, 张超. 2007. 森林景观恢复研究综述[J]. 世界林业研究, 20(1): 22-28.

张志兰, 卢建珍, 韩红发, 等. 2010. 天然彩色茧蚕品种"彩茧1号"比较实验[J]. 中国蚕业, 31(2): 18-20.

章家恩, 徐琪. 1997. 三峡库区生物多样性的变化态势及其保护对策[J]. 热带地理, 17(4): 412-418.

章家恩, 徐琪. 1997. 生态退化研究的基本内容与框架[J]. 水土保持通报, 17(6): 46-53.

章家恩, 徐琪. 2003. 生态系统退化的动力学解释及其定量表达探讨[J]. 地理科学进展, 22, (3): 251-259.

长江水利委员会. 1997. 三峡工程生态环境影响研究[M]. 武汉: 湖北科学技术出版社.

赵昌文. 2006. 可持续发展与全球化挑战[M]. 成都: 巴蜀书社.

赵桂久, 刘燕华, 赵名茶, 等. 1993. 生态环境综合治理和恢复技术研究(第1集)[M]. 北京: 北京科学技术出版社, 69-82.

赵焕臣, 许树析, 和金生. 1986. 层次分析法: 一种简易的新决策方法[M]. 北京: 科学出版社.

赵亮, 刘吉平, 田学智. 2013. 近60年挠力河流域生态系统服务价值时空变化[J]. 生态学报, 33(10): 3169-3176.

赵士洞. 2001. 新千年生态系统评估——背景、任务和建议[J]. 第四纪研究, 21(4): 330-336.

赵树丛. 2011. 全面把握天保工程的新形势深入推进天保工程二期建设[J]. 林业经济, (9): 3-5, 29.

赵艺学. 2003. 基于水土流失态势的山西省生态脆弱性分区研究[J]. 水土保持学报, 17(4): 71 - 74.

赵跃龙, 张玲娟. 1998. 脆弱生态环境定量评价方法的研究[J]. 地理科学, 18(1): 73 - 79.

郑度, 申元村. 1998. 坡地过程及退化坡地恢复整治研究——以三峡库区紫色土坡地为例[J]. 地理学报, 53(2): 116 - 122.

郑钦玉, 卢坤, 薛华清, 等. 2005. 三峡库区农业生态系统综合评价研究[J]. 中国生态农业学报, 13(3): 29 - 31.

中国科学院可持续发展战略研究组. 1999. 1999 中国可持续发展战略报告[M]. 北京: 科学出版社.

中国科学院可持续发展战略研究组. 生态系统服务理论[EB/OL]. http://htzl. china. cn/txt/2003 - 03/19/content_ 5295916. htm, 2003 - 03 - 09.

中国农业科学院蚕业研究所. 1987. 中国桑树栽培学[M]. 上海: 上海科学技术出版社.

中华人民共和国国家统计局. 2014. 2014 中国统计年鉴[M]. 北京: 中国统计出版社.

中华人民共和国环境保护部. 2011. 长江三峡工程生态与环境监测公报[R].

中华人民共和国环境保护部. 2013. 长江三峡工程生态与环境监测公报[R].

钟晓娟, 孙保平, 赵岩, 等. 2011. 基于主成分分析的云南省生态脆弱性评价[J]. 生态环境学报, 20(1): 109 - 113.

钟章成, 邱永树. 1999. 重庆三峡库区主要生态环境问题与对策[J]. 重庆环境科学, 21(1): 1 - 2.

周彬, 董杰, 葛兆帅, 等. 2005. 三峡库区人地关系及其协调发展途径研究[J]. 水土保持通报, 25(2): 74 - 78.

周彬, 朱晓强, 杨达源. 2007. 长江三峡水库库岸消落带地质灾害防治研究[J]. 中国水土保持, (11): 43 - 45.

周德成, 罗格平, 许文强, 等. 2010. 1960—2008 年阿克苏河流域生态系统服务价值动态[J]. 应用生态学报, 21 (2): 399 - 408.

周劲松. 1997. 山地生态系统的脆弱性与荒漠化[J]. 自然资源学报, 12(1): 10 - 16.

周松秀, 田亚平, 刘兰芳. 2011. 南方丘陵区农业生态环境脆弱性的驱动力分析[J]. 地理科学进展, 30(7): 938 - 944.

朱斌, 侯克鹏. 2007. 边坡稳定性研究综述[J]. 矿业快报, 23(10): 4 - 8.

朱会义, 李秀彬. 2003. 关于区域土地利用变化指数模型方法的讨论[J]. 地理学报, 58(5): 643 - 650.

查中伟, 刘学飞. 2011. 三峡库区人口预测与和谐长江三峡构建研究[J]. 西北人口, 32(3): 100 - 103.

查中伟. 2011. 长江三峡库区人口发展动力学模型探析[J]. 价值工程, 30(15): 302 - 303.

Abson D J, Dougill A J, Stringer L C. 2012. Using principal component analysis for information-rich socio-ecological vulnerability mapping in southern Africa[J]. Applied Geography, 35(1): 515 - 524.

Adriaenssens V, Baets B D, Goethals P L M, et al. 2004. Fuzzy rule-based models for decision support in ecosystem management[J]. Science of the Total Environment, 319(1): 1 - 12.

Costanza R, Arge R, Groot R, et al. 1997. The value of the world's ecosystem services and natural capital[J]. Nature, 387: 253 - 260.

Costanza R. 2012. Ecosystem health and ecological engineering[J]. Ecological Engineering, 45: 24 - 29.

Daily G. 1997. Nature's Service: Societal Dependence on Natural Ecosystems[M]. Washington DC: Island Press,

Eakin H, Luers A L. 2006. Assessing the vulnerability of social-environmental systems[J]. Annual Review of Environment and Resources, 31: 365 - 394.

Enea M, Salemi G. 2001. Fuzzy approach to the environmental impact evaluation[J]. Ecological Modelling, 136(2): 131 - 147.

Fu B J, Wang S, Su C H, et al. 2013. Linking ecosystem processes and ecosystem services[J]. Current Opinion in Environmental Sustainability, 5(1): 4 - 10.

Gaudet C L, Wong M P, Brady A, et al. 1997. How are we managing? The transition from environmental quality to ecosystem health[J]. Ecosystem Health, 3(1): 3 - 10.

Gómez-Sal A, Belmontes J A, Nicolau J M. 2003. Assessing landscape values: a proposal for a multidimensional conceptual model[J]. Ecological Modelling, 168(3): 319 - 341.

Hawkins C P, Bartz K L, Neale C M U. 1997. Vulnerability of riparian vegetation to catastrophic flooding: implications for riparian restoration[J]. Restoration Ecology, 5(4S): 75 - 84.

Heal G. 2000. Valuing ecosystem services[J]. Ecosystems, 3: 24.

Huang P H, Tsai J S, Lin W T. 2010. Using multiple-criteria decision-making techniques for eco-environmental vulnerability assessment: a case study on the Chi-Jia-Wan Stream watershed, Taiwan[J]. Environmental Monitoring and Assessment, 168 (1): 141 - 158.

James S B, Olyphant G A. 2006. Modeling the hydrologic response of groundwater dominated wetlands to transient boundary conditions: Implications for wetland restoration[J]. Journal of Hydrology, 332(3 - 4): 467 - 476.

Karr J R, Chu E W. 2000. Sustaining living rivers[J]. Hydrobiology, (422/423): 1 - 14.

Kasperson R E, Kasperson J X, Turner B L. 1999. Risk and criticality: trajectories of regional environmental degradation[J]. Ambio, 28(6): 562 - 568.

Kim K D, Park M H, Lee C S. 2012. Evaluation of the degraded riparian ecosystems in the Geum River Watershed in Korea [J]. Journal of Plant Biology, 55(2): 132 - 142.

Koppenjan J F M. 2005. The formation of public-private partnerships: Lessons from nine transport infrastructure projects in the Netherlands[J]. Public Administration, 83 (1): 135 - 157.

Kreuter U P, Harris H G, Matlock M D, et al. 2001. Change in ecosystem service values in the San Antonio area[J]. Ecological Economics, 39: 333 - 346.

Li A N, Wang A S, Liang S L, et al. 2006. Eco-environmental vulnerability evaluation in mountainous region using remote sensing and GIS—a case study in the upper reaches of Minjiang River, China[J]. Ecological Modelling, 192: 175 - 187.

Li Y C, Liu C X, Yuan X Z. 2009. Spatiotemporal features of soil and water loss in Three Gorges Reservoir Area of Chongqing [J]. Journal of Geographical Sciences, (19): 81 - 94.

Liao X, Li W, Hou J. 2013. Application of GIS based ecological vulnerability evaluation in environmental impact assessment of master plan of Coal Mining Area[J]. Procedia Environmental Sciences, 18: 271 - 276.

Lyons K G, Brigham C A, Traut B H, et al. 2005. Rare species and ecosystem functioning[J]. Conservation Biology, 19 (4): 1019 - 1024.

Meeban W R, Swanson F J. Sedell J R. 1977. Influences of riparian vegetation on aquatic ecosystems with particular references to salmonoid fishes and their food supplies[C]//Johnson R R, Jones D As. Importance, Preservation and Management of loodp - - la in Wetlands and other Riparian Ecosystems. Washington: USDA Forest Service.

Mielke M S, de Almeida A F, Gomes F P, et al. 2003. Leaf gas exchange, chlorophyll fluorescence and growth responses of Genipa americana seedlings to soil flooding[J]. Environmental and Experimental Botany, 50(3): 221 - 231.

Millennium Ecosystem Assessment. 2005. Ecosystems and human wellbeing: biodiversity synthesis [M]. Washington DC: World Resources Institute

New T, Xie Z. 2008. Impacts of large dams on riparian vegetation: applying global experience to the case of China's Three Gorges Dam[J]. Biodiversity and Conservation, 17(13): 3149 - 3163.

Nilsson C, Berggren K. 2000. Alterations of riparian ecosystems caused by river regulafion[J]. Bioscience, 50(9): 783 - 792.

OECD. 2001. Using the Pressure-State-Response model to develop indicators of sustainability[M]. OECD framework for environmental indicators.

Qian N, Zhang R, Chen Z C. 1993. Some aspects of sedimentation at the Three Gorges project[A]. //Luk S H, Vhitney J B. Megaproject: a case study of China Three Gorges project[C]. Armonk: M. E. Sharpe Inc, 121 - 155.

Rapport D J. 1995. Ecosystem health: exploring the territory[J]. Ecosystem Health.

Rapport D J. 1998. Defining ecosystem heath[A]//Rapport D J, Costanza R, Epstein P R, et al. Ecosystem Health[C]. Malden: Blaekwell Sciences.

Rapport D J. 1998. Need for a new paradigm [A]//Rapport D J, Costanza R, Epstein P R, et al. Ecosystem Health [C]. Malden, MA: Black Well Sciences.

Rapport D J. 1999. Gaining respectability: development of quantitative methods in ecosystem health[J]. Ecosystem Health, 5 (1): 1 - 2.

Reed A M, Reed D. 2006. Corporate social responsibility, Public-private partnerships and human development: Towards a New Agenda (and Beyond)[A]. Paper presented at the workshop Public-Private Partnerships for Sustainable Development, Center for Business and Development Studies, Copenhagen Business School, August 15.

Renetzeder C, Schindler S, Peterseil J, et al. 2010. Can we measure ecological sustainability? Landscape pattern as an indicator for naturalness and land use intensity at regional, national and European level[J]. Ecological Indicators, 10: 39-48.

Rosenau P. 2000. Public-private policy partnerships[M]. Cambridge, Massachusetts: MIT Press.

Saaty T L. 1980. The analytic hierarchy process[J]. Proceedings of the Second International Seminar on Operational Research in the Basque Provinces, 4(29): 189-234.

Savas E S. 2000. Privatization and public-private partnerships. New Jersey: Chatham House.

Seifert A. 1983. Naturnaeherer wasserbau[J]. Deutsche Wasserwirtschaft, 33(12): 361-366.

Shaoul J. 2003. A financial analysis of the National Air Traffic Services PPP[J]. Public Money and Management, 23 (3): 185-194.

Singh J S, Singh S P. 1987. Forest vegetation of the Himalaya[J]. The Botanical Review, 53(1): 80-192.

Skondras N A, Karavitis C A, Gkotsis I I, et al. 2011. Application and assessment of the Environmental Vulnerability Index in Greece[J]. Ecological Indicators, 11(6): 1699-1706.

Smith J, Wohlstetter P. 2006. Understanding the different faces of partnering: a typology of public-private partnerships. School of Leadership and Management, 26 (4): 249-268.

Stigliz J E, Wallsten S J. 2000. "Public-private technology partnerships. Promises and Pitfalls." [A] In Public-private policy partnerships. ed. Rosenau P. Cambridge, Massachusetts: MIT Press, 37-58.

Tansley A G. 1935. The use and abuse of vegetational concepts and terms[J]. Ecology, 16(1): 284-307.

Wang S Y, Liu J S, Yang C J. 2008. Eco-environmental vulnerability evaluation in the Yellow River Basin, China[J]. Pedosphere, 18(2): 171-182.

Weihe G. 2008. Ordering disorder-on the perplexities of the partnership literature[J]. The Australian Journal of Public Administration, 67 (4): 430-442.

Wu J, Huang J, Han X, et al. 2004. The Three Gorges Dam: An ecological perspective[J]. Frontiers in Ecology and the Environment, 2(5): 241-248.

Xu F L. 1997. Exergy and structural exergy as ecological indicators for the development state of the Lake Chaohu ecosystem[J]. Ecological Modelling, 99(1): 41-49.

Xu X, Tan Y, Yang G, et al. 2011. Soil erosion in the Three Gorges Reservoir area[J]. Soil Research, 49(3): 212-222.

Zhang J X, Liu Z J, Sun X X. 2009. Changing landscape in the Three Gorges reservoir area of Yangtze river from 1977 to 2005: land use/land cover, vegetation cover changes estimateed using multi-source satellite data[J]. International Journal of Applied Earth Observation and Geoinformation, 11(6): 403-412.

Zhou Z Q, Liu T. 2005. The current status, threats and protection way of Sanjiang Plain wetland, Northeast China[J]. Journal of Forestry Research, 16(2): 148-152.